建筑电气工程施工与安装研究

尹世青　赖清明　吴鹏飞◎　著

吉林科学技术出版社

图书在版编目（CIP）数据

建筑电气工程施工与安装研究 / 尹世青，赖清明，
吴鹏飞著. -- 长春：吉林科学技术出版社，2023.7
　　ISBN 978-7-5744-0737-4

　　Ⅰ．①建… Ⅱ．①尹… ②赖… ③吴… Ⅲ．①房屋建
筑设备－电气设备－建筑安装－工程施工－研究 Ⅳ.
①TU85

中国国家版本馆 CIP 数据核字（2023）第 153180 号

建筑电气工程施工与安装研究

著	尹世青　赖清明　吴鹏飞
出 版 人	宛　霞
责任编辑	李永百
封面设计	金熙腾达
制　版	金熙腾达
幅面尺寸	185mm×260mm
开　本	16
字　数	317 千字
印　张	14
印　数	1-1500 册
版　次	2023年7月第1版
印　次	2024年2月第1次印刷

出　版	吉林科学技术出版社
发　行	吉林科学技术出版社
地　址	长春市福祉大路5788号
邮　编	130118
发行部电话/传真	0431-81629529 81629530 81629531
	81629532 81629533 81629534
储运部电话	0431-86059116
编辑部电话	0431-81629518
印　刷	三河市嵩川印刷有限公司

书　号	ISBN 978-7-5744-0737-4
定　价	105.00元

前　言

随着我国建设事业的快速发展，建筑业正逐步走向现代化，建筑电气工程所包含的内容不断扩展。建筑电气技术的迅速发展，使建筑电气工程在建筑工程中的比重迅速增加，地位和作用越来越显著。新技术、新材料、新产品及新的施工工艺不断展现在建筑电气安装领域中，使施工项目和技术发生了极大的变化，成为现代建筑电气设计和施工先进性的标志之一。

建筑电气工程是建筑安装工程的重要组成部分。从基本建设的角度来说，安装工作是设计与制造工作的补充，也可以说是基本建设的最后一道工序。无论工业或民用建筑，只有通过安装工作才能使科研、设计、制造的全过程形成完整的产品并投入使用，以发挥经济效益。因此，安装工作应该以最少的消耗、最短的施工周期、最简便的技术手段和施工方法，创造出最佳产品。建筑电气施工质量的好坏，直接影响整个建筑工程的质量。因此，对从事建筑电气施工的工程技术人员及工人提出了更高的要求，提高从业人员的安装水平，掌握先进的施工技术势在必行。本书就是为了适应这样的需要而产生的。

本书遵循国家有关方针、政策，突出电气系统设计的可靠性、安全性和灵活性，理论上力求全面系统，深入浅出地阐述基本概念，从而帮助电气工程的相关工作者更好地掌握电气工程施工的方法，进一步提高解决实际问题的能力。本书共七章内容，包括建筑电气施工基本知识、电力系统与建筑供配电的相关内容、电缆工程施工、室内配线工程、变配电室安装、电气照明器具的安装、建筑电气防雷与接地及安全用电等。本书具备取材广泛、数据准确、注重实用等特点，可以为相关工作在面临相关实际问题时开阔思路，可作为建筑类电气专业及其他高校相应专业的参考书籍，也可供相关专业的工程技术人员参考使用。

本书很多内容来源于实践，在写作过程中参考了大量建筑电气工程技术的书刊和资料，在此向所有未曾谋面的相关作者表示感谢。由于作者水平有限，书中难免有错误和不妥之处，敬请广大读者批评指正。

目 录

第一章　建筑电气施工基本知识

第一节　建筑电气安装工程施工三大阶段

电气工程的施工可分为三大阶段进行，即施工准备阶段、施工安装阶段和竣工验收阶段。

一、施工准备阶段

施工准备阶段是指工程施工前将施工必需的技术、物资、劳动组织、生活设施等方面的工作事先做好，以备正式施工时组织实施。只有充分做好施工前的准备工作，才能保证工程施工顺利进行。施工准备就其工作范围一般可分为阶段性施工准备和作业条件的施工准备。所谓阶段性施工准备，是指开工之前对工程所做的各项准备工作；所谓作业条件的施工准备，是指为某一施工阶段，某分部、分项工程或某个施工环节所做的准备工作，它是局部性、经常性的施工准备工作。

施工准备通常包括技术准备，施工现场准备，物资、机具及劳动力准备以及季节施工准备。

（一）施工技术准备

电气施工技术准备主要包括以下4项内容：

1. 熟悉和审查图纸

熟悉和审查图纸包括识读图纸、了解设计意图、掌握设计内容及技术条件、会审图纸、核对土建与安装图纸之间有无矛盾和错误、明确各专业间的配合关系。

2. 编制施工组织设计（或施工方案）

编制施工组织设计（或施工方案）是做好施工准备的核心内容。建筑安装工程必须根据工程的具体要求和施工条件，采用合理的施工方法。每项工程都需要编制施工组织设计，以确定施工方案、施工进度和施工组织方法，作为组织和指导施工的重要依据。

3. 编制施工预算

按照施工图纸的工程量、施工组织设计（或施工方案）拟定的施工方法，参考建筑工程预算定额和有关施工费用规定，编制出详细的施工预算。施工预算可以作为备料、供料、编制各项具体施工计划的依据。

4. 技术交底

工程开工前，由设计部门、施工部门和业主等多方技术人员参加的技术交底是施工准备工作不可缺少的一个重要步骤，是施工企业技术管理的一项主要内容，也是施工技术准备的重要措施。

（二）施工其他准备

施工其他准备主要是施工现场准备，物资、机具及劳动力准备以及季节施工准备。

二、施工安装阶段

建筑电气安装实质上就是建筑电气设计的实施和实现过程，也是对设计的再创造和再完善的过程。施工图是建筑电气施工的主要依据，施工及验收的有关规范是对施工技术与施工质量指导和约束的法律性文件。

施工安装阶段的主要工作是：配合土建和其他施工单位施工，预埋电缆电线保护管和支持固定件，预留安装设备所需的基础、孔洞，固定接线箱、灯头盒及电器底座，安装电气设备等。随着土建工程的进展，逐步进行设备安装、线路敷设、单体检查试验。

（一）安装工序

主要设备、材料进场验收，对合格证明文件确认，并进行外观检查，以消除运输保管中的缺陷。

配合土建工程预留预埋。预埋设备安装基础、预留安装用孔洞、预埋安装用构件及暗敷线路用导管。

检查并确认土建工程是否符合电气安装条件，包括电气设备的基础、电缆沟、电缆竖井、变配电所的装饰装修等是否具备可开始电气安装的条件。同时，明确日后土建工程扫尾工作不会影响已安装好的电气工程质量。

电气设备就位固定。按预期位置组装高低压开关柜（箱）设备，并对开关柜（箱）等内部接线进行检查。

导管、线槽、桥架等贯通。按设计位置安装配管、线槽、敷设桥架，达到各电气设备或器具间贯通。

电线穿管、电缆敷设、封闭式插接母线安装，供电配电线路或控制线路敷设到位。

电线、电缆、封闭式插接母线绝缘检查及其与设备器具连接线路绝缘检查合格后，与高低压电气设备以及用电设备电气部分接通；民用工程要与装饰装修配合施工，随着低压器具逐步安装而完成连接。

做电气交接试验，高压部分有绝缘强度和继电保护等试验项目，低压部分主要是绝缘强度试验。试验合格，即具备受电、送电试运行条件。

电气试运行。空载状态下，操作各类控制开关，带电无负荷运行正常。照明工程可带负荷试验灯具看其照明是否正常。

负载试运行。与其他专业工程联合进行，试运行前，要视工程具体情况决定是否要联合编制负载试运行方案。

（二）　施工要点

电气工程施工表现为物理过程，即施工安装不会像混凝土施工那样出现化学过程，施工安装后不会改变所使用设备、器具、材料的原有特性，电气安装施工只是把设备、器具、材料按预期要求可靠合理地组合起来，以满足功能需要。组合是否可靠合理，主要体现在两个方面：一是要依据设计文件要求施工，二是要符合相关规范要求的规定。因而必须掌握以下要点：

使用的设备、器具、材料规格和型号符合设计文件要求，不能错用。

依据施工设计图纸布置的位置固定电气设备、器具和敷设布线系统，且固定牢固可靠。

确保导线连接、接地连接的连接处紧固不松动，保持良好导通状态。

坚持先交接试验后通电运行、先模拟动作后接电启动的基本原则。

做到通电后的设备、器具、布线系统有良好的安全保护措施。

保持施工记录形成与施工进度基本同步，保证记录的准确性和记录的可追溯性。

（三）　电气工程施工外部衔接

与材料和设备供应商的衔接。

与土建工程配合是电气工程施工程序的首要安排。

与建筑设备安装工程其他施工单位的配合。

与装饰装修工程的衔接。

三、竣工验收阶段

（一）建筑电气工程质量验收

1. 检验批质量验收

要求：主控项目和一般项目的质量经抽样检验合格；具有完整的施工操作依据、质量检查记录。

当建筑电气分部工程施工质量检验时，检验批的划分应符合下列规定：

①室外电气安装工程中分项工程的检验批，依据庭院大小、投运时间先后、功能区块不同划分。

②变配电室安装工程中分项工程的检验批：主变配电室为 1 个检验批；有数个分变配电室，且不属于子单位工程的子分部工程，各为 1 个检验批，其验收记录汇入所有变配电室有关分项工程的验收记录中；如各分变配电室属于各子单位工程的子分部工程，所属分项工程各为 1 个检验批，其验收记录应为 1 个分项工程验收记录，经子分部工程验收记录汇入分部工程验收记录中。

③供电干线安装工程分项工程的检验批，依据供电区段和电气线缆竖井的编号划分。

④电气动力和电气照明安装工程中分项工程及建筑物等电位联结分项工程的检验批，其划分的界区应与土建工程一致。

⑤备用和不间断电源安装工程中分项工程各自成为 1 个检验批。

⑥防雷及接地装置安装工程中分项工程的检验批：人工接地装置和利用建筑物基础钢筋的接地体各为 1 个检验批，大型基础可按区块划分成几个检验批；避雷引下线安装 6 层以下的建筑为 1 个检验批，高层建筑依均压环设置间隔的层数为 1 个检验批；接闪器安装同一屋面为 1 个检验批。

检验批的质量验收记录由施工项目专业质量检查员填写，监理工程师（建设单位项目专业技术负责人）组织项目专业质量检查员等进行验收。

2. 分项工程质量验收

要求：分项工程所含的检验批均应符合合格质量的规定；分项工程所含的检验批的质量验收记录应完整。

分项工程质量应由监理工程师（建设单位项目专业技术负责人）组织项目专业技术负责人等进行验收。

3. 分部（子分部）工程质量验收

要求：分部（子分部）工程所含分项工程的质量均应验收合格；质量控制资料应完整；地基与基础、主体结构和设备安装等分部工程有关安全及功能的检验和抽样检测结果应符合有关规定；观感质量验收应符合要求。

当验收建筑电气工程时，应核查下列各项质量控制资料，且检查分项工程质量验收记录和分部（子分部）质量验收记录应正确，责任单位和责任人的签章齐全：

①建筑电气工程施工图设计文件和图纸会审记录及洽商记录。

②主要设备、器具、材料的合格证和进场验收记录。

③隐蔽工程记录。

④电气设备交接试验记录。

⑤接地电阻、绝缘电阻测试记录。

⑥空载试运行和负荷试运行记录。

⑦建筑照明通电试运行记录。

⑧工序交接合格等施工安装记录。

分部（子分部）工程质量应由总监理工程师（建设单位项目专业负责人）组织施工项目经理和有关勘察、设计单位项目负责人进行验收。

4. 单位（子单位）工程质量验收

要求：单位（子单位）工程所含分部（子分部）工程的质量均应验收合格；质量控制资料应完整；单位（子单位）工程所含分部工程有关安全和功能的检测资料应完整；主要功能项目的抽查结果应符合相关专业质量验收规范的规定；观感质量验收应符合要求。

当单位工程质量验收时，建筑电气分部（子分部）工程实物质量的抽检部位如下，且抽检结果应符合《建筑电气工程施工质量验收规范》（GB 50303-2011）的规定：

①大型公用建筑的变配电室，技术层的动力工程，供电干线的竖井，建筑顶部的防雷工程，重要的或大面积活动场所的照明工程，以及5%自然间的建筑电气动力、照明工程。

②一般民用建筑的配电室和5%自然间的建筑电气照明工程，以及建筑顶部的防雷工程。

③室外电气工程以变配电室为主，且抽检各类灯具的5%。各类技术资料应齐全，且符合工序要求，有可追溯性；各责任人均应签章确认。

为方便检测验收，高低压配电装置的调整试验应提前通知监理和有关监督部门，实行旁站确认。变配电室通电后可抽测的项目主要是各类电源自动切换或通断装置、馈电线路的绝缘电阻、接地（PE）或接零（PEN）的导通状态、开关插座的接线正确性、漏电保护装置的动作电流和时间、接地装置的接地电阻和由照明设计确定的照度等，抽测的结果应符合《建筑电气工程施工质量验收规范》的规定和设计要求。

5. 质量验收检验方法

检验方法应符合下列规定：

①电气设备、电缆和继电保护系统的调整试验结果，查阅试验记录或试验时旁站。

②空载试运行和负荷试运行结果，查阅试运行记录或试运行时旁站。

③绝缘电阻、接地电阻和接地（PE）或接零（PEN）导通状态及插座接线正确性的测试结果，查阅测试记录或测试时旁站或用适配仪表进行抽测。

④漏电保护装置动作数据值，查阅测试记录或用适配仪表进行抽测。

⑤负荷试运行时大电流节点温升测量用红外线遥测温度仪抽测或查阅负荷试运行记录。

⑥螺栓紧固程度用适配工具做拧动试验，有最终拧紧力矩要求的螺栓用扭力扳手抽测。

⑦需吊芯、抽芯检查的变压器和大型电动机，吊芯、抽芯时旁站或查阅吊芯、抽芯记录。

⑧须做动作试验的电气装置，高压部分不应带电试验，低压部分无负荷试验。

⑨水平度用铁水平尺测量，垂直度用线锤吊线尺量，盘面平整度用拉线尺量，各种距离的尺寸用塞尺、游标卡尺、钢尺、塔尺或采用其他仪器仪表等测量。

⑩外观质量情况目测检查；设备规格型号、标志及接线，对照工程设计图样及其变更文件检查。

6. 工程质量不合格的处理

经返工重做（对不合格的工程部位采取的重新制作、重新施工等措施）或更换器具、设备的检验批，应重新进行验收。经有资质的检测单位检测鉴定能够达到设计要求的检验批，应予以验收；经有资质的检测单位检测鉴定达不到设计要求，但经原设计单位核算认可能够满足结构安全和使用功能的检验批，可予以验收。经返修（对工程不符合标准规定的部位采取整修等措施）或加固处理的分项、分部工程，虽然改变外形尺寸但仍能满足安全使用要求的，可按技术处理方案和协商文件进行验收。通过返修或加固处理仍不能满足安全使用要求的分部工程、单位（子单位）工程，严禁验收。

（二）质量验收程序和组织

检验批及分项工程应由监理工程师（建设单位项目技术负责人）组织施工单位项目专业质量（技术）负责人等进行验收。

分部工程应由总监理工程师（建设单位项目负责人）组织施工单位项目负责人和技

术、质量负责人等进行验收。地基与基础工程、主体结构分部工程的勘察、设计单位工程项目负责人和施工单位技术、质量部门负责人也应参加相关分部工程验收。

单位工程完工后，施工单位应自行组织有关人员进行检查评定，并向建设单位提交工程验收报告。

建设单位收到工程验收报告后，应由单位（项目）负责人组织施工（含分包单位）、设计、监理等单位（项目）负责人进行单位（子单位）工程验收。

单位工程由分包单位施工时，分包单位对所承包的工程项目应按规定的程序检查评定，总包单位应派人参加。分包工程完成后，应将工程有关资料交总包单位。

当参加验收各方对工程质量验收意见不一致时，可请当地建设行政主管部门或工程质量监督机构协调处理。

单位工程质量验收合格后，建设单位应在规定时间内将工程施工验收报告和有关文件报建设行政管理部门备案。

第二节　建筑电气安装常用材料

一、常用绝缘导线

常用绝缘导线的型号及主要特点见表 1-1。

表 1-1　常用绝缘导线的型号及主要特点

名称	类型	型号		主要特点
		铝芯	铜芯	
塑料绝缘电线	聚氯乙烯绝缘线 普通型	BLV、BLVV（圆形）、BLVVB（平型）	BV、BVV（圆形）、BVVB（平型）	这类电线的绝缘性能良好，制造工艺简便，价格较低。其缺点是对气候适应性能差，低温时变硬发脆，高温或日光照射下增塑剂容易挥发而使绝缘层老化加快。因此，在未具备有效隔热措施的高温环境、日光经常照射或严寒地区，宜选择相应的特殊型塑料电线
	绝缘软线	—	BVR、RV、RVB（平型）、RVS（绞型）	
	阻燃型	—	ZR-RV、ZR-RVB（平型）、ZR-RVS（绞型）、ZR-RVV	
	耐热型	BLV105	BV105、RV-105	

名称	类型	型号		主要特点
		铝芯	铜芯	
塑料绝缘电线	交联聚乙烯绝缘线 低烟无卤阻燃型	—	WDZ-BYJ（硬线）、WDZ-RYJ（软线）	低烟：在燃烧时，只有淡淡的水雾，可视距离 60 m 以上。无毒：不含任何有毒物质。阻燃：通过辐照交联工艺从而使电线达到阻燃的效果。寿命长：防老化，寿命可达 100 年以上。耐高温：最高工作温度可达 150 ℃。适用于额定电压 450/750 V 及以下，有无卤、低烟、阻燃要求且安全环保要求高的场所
	丁腈聚氯乙烯复合绝缘软线 双绞复合物软线		RFS	这类电线具有良好的绝缘性能，并具有耐寒、耐油、耐腐蚀、不延燃、不易热老化等性能，在低温下仍然柔软，使用寿命长，远比其他型号的绝缘软线性能优良。适合作为交流额定电压 250V 及以下或直流电压 500V 及以下的各种移动电器、无线电设备和照明灯座的连接线
	丁腈聚氯乙烯复合绝缘软线 平型复合物软线		RFB	
橡皮绝缘电线	棉纱编织橡皮绝缘线	BLX	BX	这类电线弯曲性能较好，对气温适应较广，玻璃丝编织线可用作室外架空线或进户线。但是，由于这两种电线生产工艺复杂，成本较高，已被塑料绝缘线所取代
	玻璃丝编织橡皮绝缘线	BBLX	BBX	
	氯丁橡皮绝缘线	BLXF	BXF	这种电线绝缘性能良好，且耐油、不易霉、不延燃、适应气候性能好、光老化过程缓慢，老化时间约为普通橡皮绝缘电线的两倍，因此适宜在室外敷设。由于绝缘层机械强度比普通橡皮线弱，因此不推荐用于穿管敷设

续表

名称	类型	型号		主要特点
		铝芯	铜芯	
矿物绝缘电缆	—	—	—	矿物绝缘电缆（Mineral Insulated Cable 简称 MI 电缆），作为配线使用时，国内习惯称作氧化镁电缆或防火电缆。它是由矿物材料氧化镁粉作为绝缘的铜芯铜护套电缆。矿物绝缘电缆由铜导体、氧化镁、铜护套两种无机材料组成，适用于特级和一级火灾自动报警系统保护对象的有耐火要求的消防系统［如火灾探测报警系统、消防联动控制系统、送排风（烟）控制系统、应急照明系统］及救生系统等

二、常用管材及其他支持材料

（一）金属管

配管工程中常使用的金属管有厚壁钢管、薄壁钢管、金属波纹管和普利卡金属套管 4 类。厚壁钢管又称焊接钢管或低压流体输送钢管（水煤气管），有镀锌和不镀锌之分。薄壁钢管又称电线管。

1. 厚壁钢管（水煤气管）

厚壁钢管用作电线、电缆的保护管，可以暗配于一些潮湿场所或直埋于地下，也可以沿建筑物、墙壁或支吊架敷设。明敷设一般在生产厂房中应用较多。

2. 薄壁钢管（电线管）

薄壁钢管多用于敷设在干燥场所的电线、电缆的保护管，可明敷或暗敷。

3. 金属波纹管

金属波纹管也叫金属软管或蛇皮管，主要用于设备上的配线，如冷水机组、水泵等。它是用厚度为 0.5 mm 以上的双面镀锌薄钢带加工压边卷制而成，轧缝处有的加石棉垫，有的不加，其规格尺寸与电线管相同。

4. 普利卡金属套管

普利卡金属套管是电线、电缆保护套管的更新换代产品，种类很多，但其基本结构类似，都是由镀锌钢带卷绕成螺纹状，属于可挠性金属套管，具有搬运方便、施工容易等特点。可用于各种场合的明、暗敷设和现浇混凝土内的暗敷设。

（1）LZ-3 型普利卡金属套管

LZ-3 型普利卡金属套管为单层可挠性电线保护管，外层为镀锌钢带（FeZn），里层为电工纸（P），主要用于室内装修和电气设备及低压室内配线。

（2）LZ-4 型普利卡金属套管

LZ-4 型普利卡金属套管为双层金属可挠性保护管，属于基本型，外层为镀锌钢带（FeZn），中间层为冷轧钢带（Fe），里层为电工纸（P）。金属层与电工纸重叠卷绕成螺旋状，再与卷材方向相反地制成螺纹状折褶，构成可挠性。

（3）LV-5 型普利卡金属套管

LV-5 型普利卡金属套管是用特殊方法在 LZ-4 套管表面被覆一层具有良好韧性的软质聚氯乙烯（PVC）。这种套管除具有 LZ-4 型套管的特点外，还具有优良的耐水性、耐腐蚀性，适用于室内、外潮湿及有水蒸气的场所。

普利卡金属套管除以上几种类型外，还有 LE-6 型、LVH-7 型、LAL-8 型和 LS-9 型等多种类型，适用于潮湿或有腐蚀性气体等的场所。

（二）塑料管

建筑电气工程中常用的塑料管有硬质塑料管（PVC 管）、半硬质塑料管和软塑料管。

1. 硬质塑料管（PVC 管）

硬质塑料管（PVC 管）适用于民用建筑或室内有酸、碱腐蚀性介质的场所。由于塑料管在高温下机械强度下降，老化加速，所以环境温度在 40 ℃以上的高温场所不应使用。在经常发生机械冲击、碰撞、摩擦等易受机械损伤的场所也不应使用。

硬质塑料管应具有耐热、耐燃、耐冲击等性能，并有产品合格证，内外径应符合国家统一标准。外观检查管壁壁厚应均匀一致，无凸棱、凹陷、气泡等缺陷。在电气线路中使用的硬质塑料管必须有良好的阻燃性能。硬质塑料管配管工程中，应使用与管材相配套的各种难燃材料制成的附件。

2. 半硬质塑料管

半硬质塑料管多用于一般居住建筑和办公建筑等干燥场所的电气照明工程中，暗敷布线。

半硬质塑料管可分为难燃平滑塑料管和难燃聚氯乙烯波纹管（简称塑料波纹管）两种。

（三）管材支持材料

1. U 形管卡

U 形管卡用圆钢焊制而成，安装时与钢管壁接触，两端用螺母紧固在支架上。

2. 鞍形管卡

鞍形管卡用钢板或扁钢制成，安装时与钢管壁接触，两端用木螺钉、胀管直接固定在墙上。

3. 塑料管卡

用木螺钉、胀管将塑料管卡直接固定在墙上，然后用力把塑料管压入塑料管卡中。

三、固结材料

常用的固结材料除圆钉、扁头钉、自攻螺丝、铝铆钉及各种螺丝钉外，还有直接固结于硬质基体上所采用的水泥钢钉、射钉、塑料胀管。

（一）水泥钢钉

水泥钢钉是一种直接打入混凝土、砖墙等的手工固结材料。钢钉应有出厂合格证及产品说明书。操作时最好先将钢钉钉入被固定件内，再往混凝土或砖墙上钉。

（二）射钉

射钉是采用优质钢材经过加工处理后制成的新型固结材料，具有很高的强度和良好的韧性。射钉与射钉枪、射钉弹配套使用，利用射钉枪去发射射钉弹，弹内火药燃烧释放的能量将各种射钉直接钉入混凝土、砖砌体等其他硬质材料的基体中，从而将被固定件直接固定在基体上。利用射钉固结便于现场及高空作业，施工快速简便，劳动强度低，操作安全可靠。射钉分为普通射钉、螺纹射钉和尾部带孔射钉。射钉杆上的垫圈起导向定位作用，一般用塑料或金属制成。尾部有螺纹的射钉便于在螺纹上直接拧螺丝。尾部带孔的射钉用于悬挂连接件。射钉弹、射钉和射钉枪必须配套使用。

（三）塑料胀管

塑料胀管是以聚乙烯、聚丙烯为原料制成的。它比膨胀螺栓的抗拉、抗剪能力要低，适用于静定荷载较小的材料。在实际工程中，当向塑料胀管内拧入木螺丝时，应顺胀管导向槽拧入，不得倾斜拧入，以免损坏胀管。

四、绝缘材料

电工常用的绝缘材料按其化学性质不同可分为无机绝缘材料、有机绝缘材料和混合绝缘材料。常用的无机绝缘材料有云母、石棉、大理石、瓷器、玻璃、硫黄等，主要用作电机及电器的绕组绝缘、开关的底板和绝缘子等。有机绝缘材料有虫胶、树脂、橡胶、棉纱、纸、麻、人造丝等，大多用以制造绝缘漆及绕组导线的被覆绝缘物等。混合绝缘材料是由以上两种材料经过加工制成的各种成型绝缘材料，用作电器的底座、外壳等。

（一）绝缘油

绝缘油主要用来填充变压器、油开关以及浸渍电容器和电缆等。绝缘油在变压器和油开关中起着绝缘、散热和灭弧作用。

（二）树脂

树脂是有机凝固性绝缘材料，它的种类很多，在电气设备中应用极广。电工常用的树脂有虫胶（洋干漆）、酚醛树脂、环氧树脂、聚氯乙烯和松香等。

1. 环氧树脂

常见的环氧树脂是由二酚基丙烷与环氧丙烷在苛性钠溶液的作用下缩合而成的。按分子量的大小分类，有低分子量和高分子量两种。电工用的环氧树脂以低分子量为主，这种树脂的收缩性小、黏附力强、防腐性能好、绝缘强度高，广泛用作电压、电流互感器和电缆接头的浇注物。

国产环氧树脂有 E-51、E-44、E-42、E-35、E-20、E-14、E-12、E-06 等。前四种属于低分子量环氧树脂，后四种为高分子量环氧树脂。

2. 聚氯乙烯

聚氯乙烯是热缩性合成树脂，它的性能较稳定，有较高的绝缘性，耐酸、耐蚀，能抵抗大气、日光、潮湿的作用，可用作电缆和导线的绝缘层和保护层，还可以做成电气安装工程中常用的聚氯乙烯管和聚氯乙烯带等。

3. 绝缘漆

绝缘漆按用途可分为浸渍漆、涂漆和胶合漆等。浸渍漆用来浸渍电机和电器的线圈，如沥青漆（黑凡立水）、清漆（清凡立水）和醇酸树脂漆（热硬漆）等。涂漆用来涂刷线圈和电机绕组的表面，如沥青晾干漆、灰磁漆和红磁漆等。胶合漆用于黏合各种物质，如沥青漆和环氧树脂等。

绝缘漆的稀释剂主要有汽油、煤油、酒精、苯、松节油等。不同的绝缘漆要正确地选用不同的稀释剂，切不可千篇一律。

4. 橡胶和橡皮

橡胶分为天然橡胶和人造橡胶两种。其特性是弹性大、不透气、不透水，且有良好的绝缘性能。但纯橡胶在加热和冷却时都容易失去原有的性能，所以在实际应用中常把一定数量的硫黄和其他填料加在橡胶中，然后再经过特别的热处理，使橡胶能耐热和耐冷。这种经过处理的橡胶即称为橡皮。含硫黄 25% ~ 50% 的橡皮叫硬橡皮，含硫黄 2% ~ 5% 的橡皮叫软橡皮。软橡皮弹性大，有较高的耐湿性，广泛地用于电线和电缆的绝缘，以及制作橡皮包带、绝缘保护用具（手套、长筒靴及橡皮毡等）。

人造橡胶是碳氢化合物的合成物，这种橡胶的耐磨性、耐热性、耐油性都比天然橡胶好，但造价比天然橡胶高。目前，人造橡胶中耐油、耐腐蚀用的氯丁橡胶、丁腈橡胶和硅橡胶等都广泛应用在电气工程中，如丁腈耐油橡胶管作为环氧树脂电缆头引出线的堵油密封层，硅橡胶用来制作电缆头附件等。

5. 玻璃丝（布）

电工用玻璃丝（布）是用无碱、铝硼硅酸盐的玻璃纤维制成的，它的耐热性高、吸潮性小、柔软、抗拉强度高、绝缘性能好，因而可做成许多种绝缘材料，如玻璃丝带、玻璃丝布、玻璃纤维管、玻璃丝胶木板以及电线的编织层等。电缆接头中常用无碱玻璃丝带作为绝缘包扎材料，其机械强度高、吸水性小、绝缘强度好。

6. 绝缘包带

绝缘包带又称绝缘包布，在电气安装工程中主要用于电线、电缆接头的绝缘。绝缘包带的种类很多，最常用的有如下三种：

（1）黑胶布带

黑胶布带又称黑胶布，用于电线接头时作为包缠用绝缘材料。它是用干燥的棉布涂上有黏性、耐湿性的绝缘剂制成的。

（2）橡胶带

橡胶带主要用于电线接头时作为包缠用绝缘材料，有生橡胶带和混合橡胶带两种。其规格一般为宽度 20 mm，厚度 0.1 ~ 1.0 mm，每盘长度 7.5 ~ 8 m。

（3）塑料绝缘带

采用聚氯乙烯和聚乙烯制成的绝缘胶黏带都称为塑料绝缘胶带，是在聚氯乙烯和聚乙烯薄膜上涂敷胶黏剂卷切而成。塑料绝缘带可以代替布绝缘胶带，也能作绝缘防腐密封保护层，一般可在-15 ℃~+60 ℃范围内使用。

7. 电瓷

电瓷是用各种硅酸盐和氧化物的混合物制成的。电瓷在抗大气作用上具有极大的稳定性、很高的机械强度、良好的绝缘性和耐热性，不易表面放电。电瓷主要用于制造各种绝缘子、绝缘套管、灯座、开关、插座和熔断器等。

第三节　施工常用工具（器具）

一、常用通用工具

常用通用工具有剥线钳、螺钉旋具、电工刀、钳子和扳手等。

（一）剥线钳

剥线钳是用来剥除线芯面积为 6 mm² 以下电线绝缘层的专用工具，它的手柄是绝缘的，可以用于工作电压为 500 V 以下的带电操作。

剥线钳的规格以全长表示，有 140 mm 和 180 mm 两种。刀口有 0.5~3 mm 多个直径的切口，以适应不同规格芯线的切剥。剥线时应注意安全距离。

（二）螺钉旋具

螺钉旋具又称螺丝刀、起子，主要用来紧固和拆卸螺钉。螺钉旋具的种类很多，按头部形状可分为一字形和十字形两种，按柄部材料和结构可分为木柄和塑料柄两种。

一字形螺丝刀用来紧固或拆卸一字槽的螺钉和木螺钉，它的规格用柄部以外的刀体长度表示，常用的有 100 mm、150 mm、200 mm、300 mm 和 400 mm 五种。十字形螺丝刀专供紧固或拆卸十字槽的螺钉和木螺钉，它的规格用刀体长度和十字槽规格号表示。十字槽规格号有四个：Ⅰ号适用的螺钉直径为 2~2.5 mm，Ⅱ号为 3~5 mm，Ⅲ号为 6~8 mm，Ⅳ号为 10~12 mm。

使用大螺钉旋具时，用大拇指、食指和中指夹住握柄，手掌顶住握柄的末端；使用小螺钉旋具时，大拇指和中指握住握柄，用食指顶住握柄的末端，然后将刀口放入螺钉槽内，旋拧时施力要适中。

使用螺钉旋具时的注意事项：

①螺钉旋具用来紧固和拆卸带电螺钉时，手不得触及螺钉旋具的金属杆，以免发生触电事故。为了避免螺钉旋具的金属杆触及皮肤或附近带电体，应在金属杆上套绝缘管。

②螺钉旋具受力时，用力方向不能对着别人或自己，以免脱落伤人。

（三）电工刀

电工刀是用来剖削或切割电工器材的常用工具。

使用电工刀时应注意正确的操作方法。剥导线绝缘层时，刀口朝外以 45°角倾斜推削，用力要适当，不可损伤导线金属体。电工刀的刀口应在单面上磨出呈圆弧状的刃口。在剖削绝缘体的绝缘层时，必须使圆弧状刀面贴在导线上进行切割，这样刀口就不易损伤线芯。

使用电工刀时的注意事项：

①使用电工刀时应注意避免伤手。

②用后刀身要插入刀柄。

③刀柄结构无绝缘体的不能带电操作，有绝缘结构的新式电工刀也应注意操作安全，防止触电。

（四）钳子

1. 钢丝钳

钢丝钳是一种钳夹和剪切工具，电工用钢丝钳带有绝缘护套，可用于低压带电操作。其功能是：用钳口来弯绞或钳夹导线线头；齿口用来紧固和起松螺母；刀口用来剪切导线和剖切软导线的绝缘层；铡口用来铡切电线线芯、钢丝和铅丝等较硬金属线。

钢丝钳常用的规格有 150 mm、175 mm 和 200 mm 三种。

使用电工用钢丝钳的注意事项：

①使用电工用钢丝钳时必须检查绝缘柄的绝缘是否完好。如果损坏，进行带电作业时会发生触电事故。

②钢丝钳的钳头不可代替手锤作为敲打工具使用。钳头轴销上应经常加机油滑润。破碎的绝缘套管应及时更换，不能勉强使用。

2. 尖嘴钳

尖嘴钳的头部尖而细长，适用于狭小空间和特殊场合的操作，绝缘的耐压等级为500 V。

尖嘴钳的用途：

①带有刃口的尖嘴钳能剪断细小金属丝。

②夹紧槽内电线，夹持较小螺钉、垫圈、导线等元件进行施工。

③在安装控制线路板时，用来弯制单股芯线的压接圈。

尖嘴钳有铁柄和绝缘柄两种，其规格以全长表示，有 130 mm、160 mm、180 mm 和 200 mm 四种。

（五）扳手

常用的扳手有活动扳手、梅花扳手、套筒扳手和扭矩扳手。

1. 活动扳手

活动扳手又称活络扳手，是用来紧固和起松螺母的一种专用工具。活动扳手由头部和柄部组成，头部由活络扳唇、扳口、涡轮和轴销等构成。旋动涡轮可以调节扳口的大小。活动扳手的规格用"长度×最大开口宽度"（单位 mm）来表示，电工常用的活动扳手有 150 mm×19 mm、200 mm×24 mm、250 mm×30 mm 和 300 mm×36 mm 四种规格。

使用活动扳手的注意事项：

①扳动大螺母时，需要较大力矩，手应握在近尾柄处。

②扳动小螺母时，需要力矩不大，但螺母过小易打滑，所以手应握在近头部的地方，可随时调节涡轮，收紧活络扳唇防止打滑。

③活动扳手不可反用，以免损坏扳唇，也不可用钢管来接长柄以加较大的扳拧力矩，并且不能代替撬棒和手锤使用。

2. 梅花扳手

梅花扳手是用来紧固和起松螺母的一种专用工具，有单头和双头之分。双头梅花扳手的两端都有一个梅花孔，它们分别与两种相邻规格的螺母相对应。

3. 套筒扳手

套筒扳手是用来拧紧或旋松有沉孔的螺母，或在无法使用活动扳手的地方使用。套筒扳手由套筒和手柄两部分组成。套筒应配合螺母规格选用，它与螺母配合紧密，不伤螺栓。套筒扳手使用时省力，工作效率高。

4. 扭矩扳手

扭矩扳手是在有些连接螺栓要求定值扭矩进行拧紧时使用。这里介绍 TL 型预置扭矩扳手。

（1）特点

TL 型预置扭矩扳手具有预设扭矩数值和声响装置。当紧固件的拧紧扭矩达到预设数值时，能自动发出信号咔嗒的一声，同时伴有明显的手感振动，提示完成工作。解除作用力后，扳手各相关零件能自动复位。

（2）使用方法

①根据工件所需扭矩值要求，确定预设扭矩值。

②预设扭矩值时，将扳手手柄上的锁定环下拉，同时转动手柄，调节标尺主刻度线和微分刻度线数值至所需扭矩值。调节好后，松开锁定环，手柄自动锁定。

③在扳手方榫上装上相应规格套筒，并套住紧固件，再在手柄上缓慢用力。施加外力时必须按标明的箭头方向施加。当拧紧到发出信号咔嗒的一声（已达到预设扭矩值），停止加力，一次作业完毕。

④使用大规格扭矩扳手时，可外加接长套杆，以便操作省力。

⑤如长期不用，调节标尺刻线应退至扭矩最小数值处。

（3）注意事项

①使用时不能用力过猛，不能超出扭矩范围使用，听到信号后应及时解除作用力。

②扳手应轻拿轻放，不得代替榔头敲打。

③存放在干燥处，以免日久锈蚀。

④大规格扭矩扳手采用加力杆，操作时与扳手手柄连接，使工作省力。

二、常用安装工具

常用安装工具有电钻、冲击电钻、电锤、弯管器、管子台虎钳、管螺纹铰板、管子割刀、压接钳、射钉枪、切割机、剔槽机、焊接机等。

（一）电钻

1. 电钻的结构

电钻的种类有台式钻床、手提式电钻、手枪式电钻以及冲击电钻，是一种钻孔的工具。

电钻常用的钻头是麻花钻，柄部用来夹持、定心和传递动力，钻头直径为 13 mm 以下的一般制成直柄式，13 mm 以上的一般制成锥柄式。

电钻的钻夹头和钻头套是夹持钻头的夹具，直柄式钻头用钻夹头夹持，锥柄式钻头用钻头套夹持，直接与主轴连接，拆卸时用斜铁顶出。

2. 操作使用

使用规定电压，线路电压不超过工具铭牌上所规定电压的 10% 方可使用。

钻夹头或圆锥套筒。φ6 mm、φ13 mm 电钻采用三爪式钻夹头，与钻轴的配合为莫氏自锁配合。装钻夹头时，首先清除钻夹头内孔及转轴表面上的杂物，包括防锈脂等，然后装紧在转轴上。φ19 mm、φ23 mm 电钻采用莫氏 2 号圆锥套筒，即钻轴，用以紧固钻头。钻头应是莫氏 2 号锥柄麻花钻，把钻柄插入钻轴内就可以了，不需要三爪式钻夹头。如采用莫氏 1 号钻头，则要另外加一只锥柄工具用圆锥套管（附件）。其外圆为莫氏 2 号，内圆为莫氏 1 号，使用时将套管插入钻轴，钻头插入套管，插紧即可。

使用前的检查。使用前先空转 1 min，检查传动部分是否灵活，有无异常杂音，螺钉等是否松动脱落，换向火花是否正常。

防止过载。使用钻头必须锋利，钻孔时不宜用力过猛。凡遇转速异常降低时，应立即减小用力。电钻因故突然刹停或卡钻时，必须立即切断电源。

及时更换电刷。电刷磨损到不能使用时，须及时调换（两只电刷同时调换）；否则电刷与换向器接触不良，会引起环火，烧坏换向器，严重时会烧坏电枢。

在下列情况下不得使用电钻：

①在使用过程中如发现绝缘损坏，电源线或电缆护套破裂；

②发生插头、插座开裂或接触不良，以及断续运转、火花严重等故障时，应立即送修理部门或请专门人员进行修理，在修复之前不得使用。

经常保持电钻清洁，电钻的通风道必须保持清洁畅通，并防止铁屑等杂物入内。使用后应立即进行整修，使电钻经常保持清洁和良好的状态。

使用电钻要爱惜，所用电钻要小心轻放，避免受到冲击。

在对电钻进行调整或更换附件与备件之前，必须将电钻的电源切断。

3. 维护保养

保持电钻完整、清洁，通风口畅通，并及时添加润滑油。

经常检查电源线、电源插头、开关是否良好，钻头是否锋利，电刷刷握是否松动等。如有故障或部件损坏，请专门人员进行修理或更换部件。

电钻使用后，要及时保养。塑料外壳脏了以后，可用柔软的布擦拭，不可使用溶剂，如汽油、酒精、四氯化碳或氨水等，否则会损坏塑料部件。

不要使电源线接触热源和油脂，防止电源线被擦破或割破、轧坏。

电钻不用时，应放在干燥、清洁和无腐蚀性气体的环境中。

对电钻进行维护保养前，必须将电源切断。

（二）电锤

1. 电锤的结构

电锤由电动机、齿轮减速器、曲柄连杆冲击机构、转杆机构、过载保护装置、电源开关和钻头套等构件组成。

2. 电锤的使用要点

电锤是以冲击为主、钻削为辅的手持式凿孔工具，由于其冲击功率较大，适于在混凝土上凿孔，也可以在其他脆性材料上凿孔，具有较高的生产效率。电锤凿孔时，其规格应按作业的性质和成孔的直径选择。

在凿孔时，应将电锤钻顶住作业面后再启动操作，以免电锤空打，影响使用寿命。电锤在向下凿孔时，要双手分别握紧手柄和辅助手柄，利用其自重进给，不需要施加轴向力。向其他方向凿孔时，只需要 50~100 N 的轴向压力即可，压力过大反而不利于凿孔速度和使用寿命。电锤凿孔时，电锤应垂直于作业面，不允许电锤钻在孔内左右摆动，否则会影响成孔质量和损坏电锤钻。在凿深孔时应注意电锤钻的排屑情况，及时将电锤钻退出。反复掘进，不可贪功冒进，以免出屑困难使电锤钻发热磨损，降低凿孔效率。

（三）冲击电钻

冲击电钻是一种旋转带冲击的电钻，一般制成可调式结构。当调节环在旋转无冲击位置时，装上普通麻花钻头能在金属上钻孔；当调节环在旋转带冲击位置时，装上镶有硬质合金的钻头，能在砖石、混凝土等脆性材料上钻孔。单一的冲击是非常轻微的，但每分钟 40 000 多次的冲击频率可产生连续的力。

（四）管子钳

管子钳用来拧紧或松开电线管上的束节或管螺母，常用规格有 250 mm、330 mm 和 350 mm 等，使用方法同活动扳手。

（五）管子割刀

管子割刀是专用于管子切割的工具。

（六）管子台虎钳

管子台虎钳是用来夹持管子的工具。

（七）断线钳

断线钳是用来剪断直径较粗的金属线、线材及电线、电缆等的工具。其规格是以全长表示，有 450 mm、600 mm、750 mm、900 mm、1 050 mm 等，能剪断直径为 6~16 mm 的中碳钢丝。钳柄有铁柄、管柄和绝缘柄三种形式，其中绝缘柄断线钳可用于带电场合，其工作电压为 1 000 V。

（八）弯管器

弯管器是弯曲金属管用的工具，有手动弯管器、手动液压弯管机和电动液压弯管机。

（九）液压钳

1. 液压钳的结构

液压钳用于进行导线的连接和端接。

2. 使用注意事项

①压接导线时，压到上、下压模微触即可。若在上、下压模微触后继续加压，则会损坏零件。

②使用液压钳时，钳头和压模禁止敲击，以免变形和损坏。

③不宜在酸、碱及腐蚀性气体中使用。

④液压钳须保持有足够的洁净的 32 号机油。

3. 维修保养

液压钳要专人保管，不可敲击、碰撞。操作时手柄不可盲目加压，存放时须将回油螺丝松开。长时间不用时应擦干净，表面涂上防锈油脂。产品结构比较严密，不宜随意拆卸，拆装时应注意场地清洁，严防灰尘及杂物混入。在使用过程中柱塞及活塞处有微量油出现属于正常现象。经过长期使用，油量减少时应旋卸固定手柄，再旋出管尾螺丝，摆动手柄将存油压入油缸再加液压油（油必须用 200 目滤网滤净），灌满后再旋上管尾螺丝（不要旋紧），然后打开回油螺丝，待油微量外溢，以排尽空气，旋紧管尾螺丝，擦净溢油，上好固定手柄即可。

压活塞时如有进退现象，可能是阀门密封不良，油内混有空气；如果活塞不能退回原位，可能是大弹簧变形或折断；如活塞柱塞、回油螺丝等处严重漏油，此时均应拆下活塞清洗更换，排除空气（按加油方法）后按原位装上即可。

三、常用登高工具

电工在登高作业时，要特别注意人身安全。登高工具必须牢固可靠，未经登高现场训练过的或患有高血压、心脏病者，均不能擅自使用登高工具进行登高作业。常用的登高工具如下：

（一）梯子

电工常用的梯子有直梯和人字梯两种。直梯通常用于户外登高作业，人字梯通常用于户内作业。直梯的两脚均应绑扎胶皮之类的防滑材料。在梯上作业时，两脚应一高一低紧贴在梯上，便于扩大人体作业的活动范围。

人字梯应在中间绑扎两道防自动滑开的安全绳。在人字梯上操作时，切不可采取骑马式站立，一是防梯子滑开造成事故，二是防操作时用力过猛而站立不稳导致跌伤。

（二）登板、脚扣、腰带、保险绳和腰绳

登板又称踏板，是用来攀登电杆的，它由板和绳两部分组成。登板和白棕绳均应能承受 300 kg 重量，每半年要进行一次载荷试验，在每次登高作业前应做人体冲击试验。

脚扣又叫铁脚，也是攀登电杆的工具。一种是扣环上制成铁齿，供登木电杆用；另一种是扣环上有橡胶套，供登混凝土电杆用。

脚扣攀登速度快，但在杆上操作易疲劳，只适用于杆上短时间作业。每次在登杆前，对脚扣也应做人体试验，同时应检查扎扣皮带是否牢固可靠。

腰带、保险绳、腰绳是电杆登高操作的必备用品。

腰带是用来系挂保险绳、腰绳和吊物绳的，使用时应系结在臀部上，而不系在腰部，防止扭伤腰部。

保险绳是为了防止人体万一下落摔伤使用的，一端要可靠地系结在腰带上，另一端用保险钩钩挂在牢固的横担或抱箍上。

腰绳用来固定人体下部，扩大上身的活动范围，使用时应系结在电杆的横担或抱箍下方。

四、常用电气安全用具

常用电气安全用具有验电器、绝缘手套、绝缘靴、绝缘垫、标示牌和接地线等。

（一）验电器

验电器是检验导线和电气设备是否带电的一种常用电工工具。

1. 验电器分类

验电器分低压验电器和高压验电器两种。

（1）低压验电器

低压验电器又称测电笔（简称电笔），有数字显示式和发光式两种。

发光式低压验电笔又有钢笔式和螺丝刀式（又称旋凿式或起子式）两种。发光式低压验电器检测电压的范围为 60~500 V。使用发光式低压验电器时，必须按照正确方法握笔，以手指触及笔尾的金属体，使氖管小窗背光朝向自己。当用电笔测试带电体时，电流经带电体、电笔、人体到大地形成通电回路，只要带电体与大地之间的电位差超过 60 V 时，电笔中的氖管就发光。

（2）高压验电器

高压验电器又称高压测电器。10 kV 高压验电器由金属钩、氖管、氖管窗、固紧螺钉、护环和握柄等组成。

在使用高压验电器时，应特别注意手握部位不得超过护环。

2. 使用验电器的安全知识

验电器在使用前应在确有电源处测试，证明验电器确实良好后方可使用。

使用发光式低压验电器时，应使验电器逐渐靠近被测物体，直至氖管发亮；只有在氖管不亮时，才可与被测物体直接接触。

室外使用高压验电器时，必须在气候条件良好的情况下才能使用；在雪、雨、雾及温度较高的情况下不宜使用，以防发生危险。

高压验电器测试时必须戴上符合耐压要求的绝缘手套；不可一个人单独测试，身旁要有人监护；测试时要防止发生相间或对地短路事故；人体与带电体应保持足够的安全距离，10 kV 高压的安全距离为 0.7 m 以上。并应半年做一次预防性试验。

（二）绝缘手套和绝缘靴

1. 绝缘手套

绝缘手套按 IEC 标准区分为 00、0、1、2、3、4 六个等级。0 级与 00 级通常视为低压绝缘手套，系统电压在 600 V 以下。1~4 级通常视为高压绝缘手套，系统电压在 6 kV 以上。

高品质的绝缘手套是用陶瓷模具在高级天然橡胶液中反复浸渍后晾干形成的，再经过工艺修整与各种试验，并需要100%的电气认证试验后才能够出厂。对于高压绝缘手套，为了便于使用者进行安全检查，特别采用内外颜色不同的产品。

使用绝缘手套注意事项：

①购进手套后，如发现在运输和储存过程中遭雨淋、受潮湿发生霉变或有其他异常变化，应到法定检测机构进行电性能复核试验。

②在使用前必须进行充气检验，若发现有任何破损则不能使用。

③作业时，应将衣袖口套入筒口内，以防发生意外。

④使用后，应将内外污物擦洗干净，待干燥后，撒上滑石粉放置平整，以防受压受损，且勿放于地上。

⑤应储存在干燥通风、室温−15 ℃～+30 ℃、相对湿度50%～80%的库房中，远离热源，离开地面和墙壁20 cm以上，避免受酸、碱、油等腐蚀性物质的影响。不要露天放置，以避免阳光直射。

⑥使用6个月必须进行预防性试验，要求同第①条。

2. 绝缘靴

绝缘靴主要用于高压电力设备方面电工作业时作为辅助安全用具，在1 kV以下可作为基本安全用具。

使用注意事项：

①购进胶靴后，如发现在运输和储存过程中遭雨淋、受潮湿发生霉变或有其他异常变化，应到法定检测机构进行电性能复核试验。

②在使用前必须仔细检查，如发现有任何破损不应使用。

③作业时应将裤口套入靴筒内，勿与各种油脂、酸、碱等腐蚀性物质接触，且防锋锐金属的机械损伤。

④穿用时应随时注意大底磨损情况，若大底花纹磨掉后则不应使用。

五、常用电工测量用具

在电工作业中，为了判断电气设备的故障和运行情况是否正常，除了人们在实践中凭借经验进行观察分析外，还经常需要借助仪表进行测量，以提供电压、电流、电阻等参数的数据。其中，便携式万用表、兆欧表和钳形电流表（俗称"电工三表"）是不可缺少的测量工具。正确使用电工仪表不仅是技术上的要求，而且对人身安全也是非常重要的。

（一）概述

1. 电工仪表的分类

电工仪表归纳起来可分为指示仪表、数字仪表和比较仪表。其中，指示仪表是最常见的形式，按不同的分类方法可分为以下几种类型：

①按准确度等级可分为 0.1、0.2、0.5、1.0、1.5、2.5、5.0 七个等级。

②按外壳防护性能可分为普通、防尘、防溅、防水、水密、气密、隔爆七种类型。

③按使用方式可分为安装式和可携式。

④按工作原理可分为磁电系、电磁系、电动系、感应系、静电系、振簧系和电子系等。

2. 电工仪表的保养

使用电工仪表时，首先应选用适合被测对象的仪表型号规格、量程、准确度、安装外形等；其次是提供仪表正常工作的条件。

仪表在搬运和使用时要轻拿轻放，防止震动和撞击而折断仪表的轴尖或轴承，进而影响测量的准确度。

仪表不使用时，应放在干燥的箱柜内，避免内部线圈和零件受潮、霉变和腐蚀。仪表的附件和专用接线要经常保持完整无缺。

运行中常用的电工测量仪表要定期进行校验，以保证测量的准确性。

仪表应有专人保管，建立必要的保管制度。

（二）万用表

万用表能测量直流电流、直流电压、交流电压和电阻等，有的还可以测量功率、电感和电容等，是电工最常用的仪表之一。

1. 指针式万用表

（1）万用表的基本结构及外形

万用表主要由指示部分、测量电路和转换装置三部分组成。指示部分通常为磁电式微安表，俗称表头；测量电路是把被测的电量转换为适合表头要求的微小直流电流，通常包括分流电路、分压电路和整流电路；不同种类电量的测量及量程的选择是通过转换装置来实现的。

（2）万用表的使用方法

①端钮（或插孔）选择要正确。

红色表笔的连接线要接到红色端钮上（或标有"+"号的插孔内），黑色表笔的连接线应接到黑色端钮上（或标有"–"号的插孔内）。有的万用表备有交、直流 2 500 V 的测量端钮，使用时黑色测试棒仍接黑色端钮（或标有"–"号插孔内），而红色测试棒接到 2 500 V 的端钮上（或"DB"插孔内）。

②转换开关位置的选择要正确。

根据测量对象将转换开关转到需要的位置上。如测量电流时应将转换开关转到相应的电流挡，测量电压时转到相应的电压挡。有的万用表面板上有两个转换开关，一个用来选择测量种类，另一个用来选择测量量程，使用时应先选择测量种类，然后选择测量量程。

③量程选择要合适。

根据被测量的大致范围，将转换开关转至该种类的适当量程上。测量电压或电流时，最好使指针在量程的二分之一到三分之二的范围内，这样读数较为准确。

④正确进行读数。

在万用表的标度盘上有很多标度尺，它们分别适用于不同的被测对象。因此，测量时在对应的标度尺上读数的同时，还应注意标度尺读数和量程挡的配合，以避免差错。

⑤欧姆挡的正确使用。

a. 选择合适的倍率挡。

测量电阻时，倍率挡的选择应以使指针停留在刻度线较稀的部分为宜。指针越接近标度尺的中间则读数越准确；越向左时刻度线越挤，而读数的准确度则越差。

b. 调零。

测量电阻之前，应将两根测试棒碰在一起，同时转动"调零旋钮"，使指针刚好指在欧姆标度尺的零位上，这一步骤称为欧姆挡调零。每换一次欧姆挡，测量电阻之前都要重复这一步骤，从而保证测量的准确性。如果指针不能调到零位，说明电池电压不足，需要更换。

c. 不能带电测量电阻。

测量电阻时，万用表是由干电池供电的，被测电阻绝不能带电，以免损坏表头。在使用欧姆挡间隙中不要让两根测试棒短接，以免浪费电池。

（3）注意操作安全

①在使用万用表时要注意，手不可触及测试棒的金属部分，以保证安全和测量的准确度。

②在测量较高电压或较大电流时，不能带电转动转换开关，否则有可能使开关烧坏。

③万用表用完后最好将转换开关转到交流电压最高量程挡，此挡对万用表最安全，以防下次测量时疏忽而损坏万用表。

④在测试棒接触被测线路前应再做一次全面的检查，看一看各部分位置是否有误。

2. 数字万用表

目前，数字式测量仪表已成为主流，有取代模拟式仪表的趋势。与模拟式仪表相比，数字式仪表灵敏度和准确度高，显示清晰，过载能力强，便于携带，使用更简单。下面以VICTOR 88B 型数字万用表为例，简单介绍其使用方法和注意事项。

（1）使用方法

①使用前，应认真阅读有关的使用说明书，熟悉电源开关、量程开关、插孔、特殊插口的作用。

②将电源开关置于 ON 位置。

③交直流电压的测量：根据需要将量程开关拨至 DCV（直流）或 ACV（交流）的合适量程，红表笔插入 V/Ω 孔，黑表笔插入 COM 孔，并将表笔与被测线路并联，读数即显示被测电压值。

④交直流电流的测量：将量程开关拨至 DCA（直流）或 ACA（交流）的合适量程，红表笔插入 mA 孔（<200 mA 时）或 10 A 孔（>200 mA 时），黑表笔插入 COM 孔，并将万用表串联在被测电路中即可。测量直流量时，数字万用表能自动显示极性。

⑤电阻的测量：将量程开关拨至 Ω 的合适量程，红表笔插入 V/Ω 孔，黑表笔插入COM 孔。如果被测电阻值超出所选择量程的最大值，万用表将显示"1"，这时应选择更高的量程。测量电阻时，红表笔为正极，黑表笔为负极，这与指针式万用表正好相反。因此，测量晶体管、电解电容器等有极性的元器件时，必须注意表笔的极性。

（2）使用注意事项

①如果无法预先估计被测电压或电流的大小，则应先拨至最高量程挡测量一次，再视情况逐渐把量程减小到合适位置。测量完毕，应将量程开关拨到最高电压挡，并关闭电源。

②满量程时，仪表仅在最高位显示数字"1"，其他位均消失，这时应选择更高的量程。

③测量电压时，应将数字万用表与被测电路并联。测量电流时，应将数字万用表与被测电路串联，测直流量时不必考虑正、负极性。

④当误用交流电压挡去测量直流电压，或者误用直流电压挡去测量交流电压时，显示屏将显示"000"，或低位上的数字出现跳动。

⑤禁止在测量高电压（220 V 以上）或大电流（0.5 A 以上）时换量程，以防止产生电弧而烧毁开关触点。

⑥当显示"---""BATT"或"LOW BAT"时，表示电池电压低于工作电压。

(三)　兆欧表

兆欧表又称高阻表，俗称摇表，是用来测量大电阻值的，主要是用来测量绝缘电阻的直读式仪表。它是专用于检查和测量电气设备和供电线路的绝缘电阻的可携式仪表。

1. 兆欧表的选用

选择兆欧表要根据所测量的电气设备的电压等级和测量绝缘电阻范围而确定。选用其额定电压一定要与被测电气设备或电气设备线路的工作电压相对应。

测量额定电压在 500 V 以下的电气设备时，宜选用 500 V 或 1 000 V 的兆欧表。如果测量高压电气设备或电缆时，可选用 1 000～2 500 V 的兆欧表，量程可选 0～2 500 Ω 的兆欧表。

2. 兆欧表使用前的检查

首先将被测的设备断开电源，并进行 2～3 min 的放电，以保证人身和设备的安全，这一要求对具有电容的高压设备尤其重要，否则绝不能进行测量。

兆欧表测量之前应做一次短路和开路试验。当兆欧表表笔"地"（E）、"线"（L）处于断开的状态，转动摇把，观察指针是否在"∞"处。再将兆欧表表笔"地"（E）、"线"（L）两端短接起来，缓慢转动摇把，观察指针是否在"0"位。如果上述检查时发现指针不能指到"∞"或"0"位，则表明兆欧表有故障，应检修后再用。

3. 兆欧表测量接线的方法

兆欧表有三个端钮，即接地 E 端、线路 L 端和保护环 G 端。测量电路绝缘电阻时，E 端接大地，L 端接电线，即测的是电线与大地之间的电阻；测量电动机的绝缘电阻时，E 端接电动机的外壳，L 端接电动机的绕组；测量电缆线绝缘电阻时，除 E 端接电缆外壳，L 端接电缆芯外，还需要将电缆壳、芯之间的内层绝缘接至 G 端，以消除因表面漏电而引起的测量误差。

4. 使用兆欧表的注意事项

①绝缘电阻表在不使用时应放于固定的橱内，环境气温不宜太低或太高，切忌放于污秽、潮湿的地面上，并避免置于有腐蚀作用的空气（如酸、碱等蒸气）之中。

②应尽量避免剧烈、长期的震动使表头轴尖和宝石受损而影响仪表的准确度。

③接线柱与被测物之间连接的导线不能用绞线，应分开单独连接，不致因绞线绝缘不良而影响读数。

④在测量前后应对被测物进行充分放电，以保障设备及人身安全。

⑤在测量雷电及邻近带高压导体的设备时，禁止用绝缘电阻表进行测量，只有在设备不带电且不可能受其他电源感应而带电时才能进行。

⑥转动手柄时由慢渐快，如发现指针指"0"时不许继续用力摇动，以防线圈损坏。

（四）钳形表

在电工维修工作中，经常要求在不断开电路的情况下测量电路电流，钳形电流表可以满足这个要求。

1. 钳形电流表的使用方法

在测量之前，应根据被测电流大小、电压的高低选择适当的量程。若对被测量值无法估计时，应从最大量程开始，逐渐变换合适的量程，但不允许在测量过程中切换量程挡，即应松开钳口换挡后再重新夹持载流导体进行测量。

测量时，为使测量结果准确，被测载流导体应放在钳形口的中央。钳口要紧密接合，如遇有杂音时可重新开口一次再闭合。若杂音仍存在，应检查钳口有无杂物和污垢，待清理干净后再进行测量。

测量小电流时，为了获得较准确的测量值，可以设法将被测载流导线多绕几圈夹进钳口进行测量。但此时仪表测量的不是要测的电流值，应当把读数除以导线绕的圈数才是实际的电流值。

测量完毕后，一定要把仪表的量程开关置于最大量程位置上，以防下次使用时忘记换量程而损害仪表。使用完毕后，将钳形电流表放入匣内保存。

2. 使用钳形电流表的注意事项

使用钳形电流表进行测量时，应当注意保持人体与带电体之间有足够的安全距离。电业安全规程中规定最小安全距离不应小于0.4 m。

测量裸导体上的电流时，要特别注意防止引起相间短路或接地短路。

在低压架空线上进行测量时，应戴绝缘手套，并使用安全带，必须有两人操作，一人操作，另一人监护。测量时不得触及其他设备，观察仪表时，要特别注意保持头部与带电部位的安全距离。

钳形电流表的把手必须保持干燥，并且进行定期检查和试验，一般一年进行一次。

第二章 电力系统与建筑供配电

第一节 电力系统

一、电力系统的概念和功能

电力系统是由发电、输电、变电、配电、用电设备及相应的辅助系统组成的电能生产、输送、分配、使用的统一整体。

电力系统的功能是将自然界的一次能源通过发电动力装置（主要包括锅炉、汽轮机、发电机及电厂辅助生产系统等）转化成电能，再经输变电系统及配电系统将电能供应到各负荷中心，通过各种设备再转换成动力、热、光等不同形式的能量，为地区经济和人民生活服务。

电力系统的出现，使高效、无污染、使用方便、易于调控的电能得到广泛应用，推动了社会生产各个领域的发展，开创了电力时代。电力系统的规模和技术水准已成为一个国家经济发展水平的标志之一。

二、电力系统的组成

电力系统是由发电厂、输配电网、变电站（所）及电力用户组成。

（一）发电厂

发电厂是生产电能的工厂，可以将自然界蕴藏的各种一次能源转变为人类能直接使用的二次能源——电能。

根据所取用的一次能源种类的不同，主要有火力发电、水力发电、核能发电等发电形式，此外还有潮汐发电、地热发电、太阳能发电、风力发电等。

（二）输配电网

输电网是以输电为目的，采用高压或超高压将发电厂、变电所或变电所之间连接起来的送电网络，是电力网中的主网架。

直接将电能送到用户去的网络称为配电网或配电系统，它是以配电为目的的。一般分为高压配电网、中压配电网及低压配电网。

按照电压高低和供电范围大小分为区域电网和地方电网。建筑供配电系统属于地方电网的一种。

（三）变电站（所）

一般情况下，为了减小输电线路上的电能损耗及线路阻抗压降，需要升高电压。为了满足用户的安全和需要，又要降低电压，并将电能分配给各个用户。因此，电力系统中需要能升高和降低电压并能分配电能的变电站（所）。

变电站（所）就是电力系统中变换电压、接受和分配电能的场所，包括电力变压器、配电装置、二次系统和必要的附属设备等。将仅装有受电、配电设备而没有变压器的场所称为配电所。

二次系统又叫二次回路，是指测量、控制、监察和保护一次系统的辅助设备。

（四）电力用户

电力用户主要是电能消耗的场所，如电动机、电炉、照明器等设备。它从电力系统中接受电能，并将电能转化为机械能、热能、光能等。

三、电力系统的额定电压

额定电压是指能使电气设备长期运行的最经济的电压。通常将 35 kV 及其以上的电压线路称为送电线路，10 kV 及其以下的电压线路称为配电线路。额定电压在 1 kV 以上的电压称为高电压，1 kV 以下的称为低电压。另外，我国规定的安全电压为 36 V、24 V、12 V 三种。

电力系统电压等级有 220/380 V（0.4 kV）、3 kV、6 kV、10 kV、20 kV、35 kV、66 kV、110 kV、220 kV、330 kV、500 kV。

我国电力系统中，220 kV 及以上电压等级用于大型电力系统的主干线，输送距离在几百千米；110 kV 电压用于中、小电力系统的主干线，输送距离在 100 km 左右；35 kV 则用于电力系统的二次网络或大型建筑物、工厂的内部供电，输送距离在 30 km 左右；6~10 kV 电压用于送电距离为 10 km 左右的城镇和工业与民用建筑施工供电；电动机、电热等用电设备，一般采用三相电压 380 V 和单相电压 220 V 供电；照明用电一般采用

380/220 V 供电。电气设备的额定电压等级要与电网额定电压等级一一对应。

电气设备的额定电压等级与电网额定电压等级一致。实际上，由于电网中有电压损失，致使各点实际电压偏离额定值。为了保证用电设备的良好运行，国家对各级电网电压的偏差均有严格的规定。

发电机的额定电压一般比同级电网额定电压高出 5%，用于补偿电网上的电压损失。

变压器的额定电压分为一次和二次绕组。一次绕组其额定电压与电网或发电机电压一致。二次绕组其额定电压应比电网额定电压高 5%。若二次侧输电距离较长的话，还须考虑线路电压损失（按 5% 计），此时，二次绕组额定电压比电网额定电压高 10%。

四、建筑供配电的负荷分级及供电要求

(一) 负荷分级

在这里，负荷是指用电设备，"负荷的大小"是指用电设备功率的大小。不同的负荷，重要程度是不同的。重要的负荷对供电质量和供电可靠性的要求高，反之则低。

供电质量是指包括电压、波形和频率的质量；供电可靠性是指供电系统持续供电的能力。我国将电力负荷按其对供电可靠性的要求及中断供电在人身安全、经济损失上造成的影响程度划分为三级，分别为一级、二级、三级负荷。根据最新国家标准《供配电系统设计规范》，各级要求如下：

1. 一级负荷

符合下列情况之一时，应视为一级负荷：

①中断供电将造成人身伤害时。

②中断供电将在经济上造成重大损失时。

③中断供电将影响重要用电单位的正常工作。

在一级负荷中，当中断供电将造成人员伤亡或重大设备损坏或发生中毒、爆炸和火灾等情况的负荷，以及特别重要场所的不允许中断供电的负荷，应视为一级负荷中特别重要的负荷。

2. 二级负荷

符合下列情况之一时，应视为二级负荷：

①中断供电将在经济上造成较大损失时。

②中断供电将影响较重要用电单位的正常工作。

3. 三级负荷

不属于一级和二级负荷者应为三级负荷。

常见民用建筑中用电负荷分级应符合表 2-1 的规定。

表 2-1　民用建筑中各类建筑物的主要用电负荷分级

序号	建筑物名称	用电负荷名称	负荷级别
1	国家级大会堂、国宾馆、国家级国际会议中心	主会场、接见厅、宴会厅照明，电声、录像、计算机系统用电	一级
		客梯、总值班室、会议室、主要办公室、档案室用电	一级
2	国家及省部级政府办公建筑	客梯、主要办公室、会议室、总值班室、档案室及主要通道照明用电	一级
3	国家及省部级计算中心	计算机系统用电	一级*
4	国家及省级防灾中心、电力调度中心、交通指挥中心	防灾、电力调度及交通指挥计算机系统用电	一级*
5	地市级办公建筑	主要办公室、会议室、总值班室、档案室及主要通道照明用电	二级
6	地市级及以上气象台	气象雷达、电报及传真收发设备、卫星云图接收机及语言广播设备、气象绘图及预报照明用电	一级
7	电信枢纽、卫星地面站	保证通信不中断的主要设备用电	一级*
8	电视台、广播电台	国家及省、市、自治区电视台、广播电台的计算机系统用电，直接播出的电视演播厅、中心机房、录像室、微波设备及发射机房用电	一级*
		语音播音室、控制室的电力和照明用电	一级
		洗印室、电视电影室、审听室、楼梯照明用电	一级
9	剧场	特等、甲等剧场的调光用计算机系统用电	一级*
		特等、甲等剧场的舞台照、贵宾室、演员化妆室、舞台机械设备、电声设备、电视转播用电	一级
		甲等剧场的观众厅照明、空调机房及锅炉房电力和照明用电	二级
10	电影院	甲等电影院照明与放映用电	二级
11	博物馆、展览馆	大型博物馆、展览馆安防系统用电；珍贵展品展室的照明用电	一级*
		展览用电	二级

续表

序号	建筑物名称	用电负荷名称	负荷级别
12	图书馆	藏书量超过 100 万册及重要图书馆的安防系统、图书检索用计算机系统用电	一级 *
		其他用电	二级
13	体育建筑	特级体育场馆的比赛场（厅）、主席台、贵宾室、接待室、新闻发布厅、广场及主要通道照明、计时记分装置、计算机房、电话机房、广播机房、电台和电视转播及新闻摄影用电	一级 *
		甲级体育场馆的比赛场（厅）、主席台、贵宾室、接待室、新闻发布厅、广场及主要通道照明、计时记分装置、计算机房、电话机房、广播机房、电台和电视转播及新闻摄影用电	一级
		特级及甲级体育场馆中非比赛用电、乙级及以下体育建筑比赛用电设备	二级
14	商场、超市	大型商场及超市的经营管理用计算机系统用电	一级 *
		大型商场及超市的营业厅的备用照明用电	一级
		大型商场及超市自动扶梯、空调用电	二级
		中型商场及超市的营业厅的备用照明用电	二级
15	银行、金融中心、证交中心	重要的计算机系统和安全防盗系统用电	一级 *
		大型银行营业厅及门厅照明、安全照明用电	一级
		小型银行营业厅及门厅照明用电	二级
16	民用航空港	航空管制、导航、通信、气象、助航灯光系统设施和台站用电，边防、海关的安全检查设备用电、航班预报设备用电，三级以上油库用电	一级 *
		候机楼、外航驻机场办事处、机场宾馆及旅客过夜用房、站坪照明、站坪机务用电	二级
		其他用电	二级
17	铁路旅客站	大型站和国境站的旅客站房、站台、天桥、地道用电	一级
18	水运客运站	通信、导航设施用电	一级 *
		港口重要作业区、一级客运站用电	二级
19	汽车客运站	一、二级客运站用电	二级

序号	建筑物名称	用电负荷名称	负荷级别
20	汽车库（修车库）、停车场	Ⅰ类汽车库、机械停车设备及采用升降梯作车辆疏散出口的升降梯用电	一级
		Ⅱ、Ⅲ类汽车库和Ⅰ类修车库、机械停车设备及采用升降梯作车辆疏散出口的升降梯用电	二级
21	旅馆饭店	四星级及以上旅馆饭店的经营及设备管理用计算机系统用电	一级 *
		四星级及以上旅馆饭店的宴会厅、餐厅、康乐设施、门厅及高级客房、主要通道等场所的照明用电，厨房、排污泵、生活水泵、主要客梯用电，计算机、电话、电声和录像设备、新闻摄影用电	一级
		三星级及以上旅馆饭店的宴会厅、餐厅、康乐设施、门厅及高级客房、主要通道等场所的照明用电，厨房、排污泵、生活水泵、主要客梯用电，计算机、电话、电声和录像设备、新闻摄影用电，除上栏所述之外的四星级及以上旅馆饭店的用电设备	二级
22	科研院所、高等院校	四级生物安全实验室等对供电连续性要求极高的国家重点实验室用电	一级 *
		除上栏所述之外的其他重要实验室用电	一级
		主要通道照明用电	二级
23	二级以上医院	重要手术室、重症监护等涉及患者生命安全的设备（如呼吸机等）及照明用电	一级 *
		急诊部、监护病房、手术部、分娩室、婴儿室、血液病房的净化室、血液透析室、病理切片分析、磁共振、介入治疗用 CT 及 X 光机扫描室、血库、高压氧舱、加速器机房、治疗室及配血室的电力照明用电，培养箱、冰箱、恒温箱用电，走道照明用电，百级洁净度手术室空调系统用电、重症呼吸道感染区的通风系统用电	一级
		除上栏外的其他手术室空调系统用电，电子显微镜、一般诊断用 CT 及 X 光机电源，客梯电力，高级病房、肢体伤残康复病房照明用电	二级

序号	建筑物名称	用电负荷名称	负荷级别
24	一类高层建筑	走道照明、值班照明、警卫照明、障碍照明，主要业务和计算机系统用电，安防系统用电，电子信息设备机房用电，客梯电力，排污泵、生活水泵用电	一级
25	二类高层建筑	主要通道及楼梯间照明用电，客梯用电，排污泵、生活水泵电力	二级

注：1. 负荷级别表中"一级＊"为一级负荷中特别重要负荷。

2. 各类建筑物的分级见现行的有关设计规范。

3. 本表未包含消防负荷分级，消防负荷分级参见相关的国家标准、规范。

4. 当序号 1~23 各类建筑物与一类或二类高层建筑的用电负荷级别不相同时，负荷级别应按其中高者确定。

（二）供电要求

1. 一级负荷

一级负荷应由双重电源供电，当一电源发生故障时，另一电源不应同时受到损坏。

一级负荷中特别重要的负荷供电，应符合下列要求：

①除应由双重电源供电外，尚应增设应急电源，并严禁将其他负荷接入应急供电系统。

②设备的供电电源的切换时间，应满足设备允许中断供电的要求。

2. 二级负荷

二级负荷的供电系统，宜由两回线路供电。在负荷较小或地区供电条件困难时，二级负荷可由一回 6 kV 及以上专用的架空线路供电。

3. 三级负荷

三级负荷可按约定供电。

第二节　计算负荷

一、计算负荷的概念及意义

在进行建筑供配电设计时，需要根据一个假想负荷来确定整个供配电系统的一系列的参数。这个假想负荷就是计算负荷。

计算负荷若估算过高，则会导致资源的浪费和工程投资的提高。反之，若估算过低，则又会使供电系统的线路及电气设备由于承受不了实际负荷过热的电流，加速其绝缘老化的速度，降低使用寿命，增大电能的损失，甚至使系统发生事故，影响供配电系统的正常可靠运行。因此，求计算负荷的意义重大。

但由于负荷情况复杂，影响计算负荷的因素很多，虽然各类负荷的变化有一定规律可循，但准确确定计算负荷却十分困难。实际上，负荷也不可能是一成不变的，它与设备的性能、生产的组织及能源供应的状况等多种因素有关，因此负荷计算也只能力求接近实际。

二、负荷曲线

负荷曲线是反映电力负荷随时间变化情况的曲线。它直观地反映了用户用电的特点和规律，同类型的工厂或车间的负荷曲线形状大致相同。

直角坐标上，纵坐标表示用电负荷（有功或无功），横坐标表示对应于负荷变动的时间。

根据纵坐标表示的功率不同，负荷曲线分有功负荷曲线和无功负荷曲线两种。根据负荷延续时间的不同（即横坐标的取值范围不同），分为日负荷曲线和年负荷曲线。

日负荷曲线代表用户一昼夜（0~24时）实际用电负荷的变化情况。通常，为了计算方便，负荷曲线多绘制成阶梯形。其时间间隔取得愈短，曲线愈能反映负荷的实际变化情况。负荷曲线与坐标轴所包围的面积就代表相应时间内所消耗的电能数量。

三、负荷曲线中的几个物理量

（一）年最大负荷

年最大负荷是负荷曲线上的最高点，指全年中最大工作班内半小时平均功率的最大值，并用符号 P_{max}、Q_{max} 和 S_{max} 分别表示年有功、无功和视在最大负荷。所谓最大工作班，是指一年中最大负荷月份内最少出现 2~3 次的最大负荷工作班，而不是偶然出现的某一个工作班。

（二）最大负荷利用小时数

年最大负荷利用小时数 T_{max}，是一个假想时间，是标志工厂负荷是否均匀的一个重要指标。其物理意义是：如果用户以年最大负荷（如 P_{max}）持续运行 T_{max} 小时所消耗的电能恰好等于全年实际消耗的电能，那么 T_{max} 即为年最大负荷利用小时数。将全年所取用的电能与一年内最大负荷相比，所得时间即是年最大负荷利用小时数。

$$T_{max} = \frac{W_p}{P_{max}} \qquad (2-1)$$

$$T_{max}（无功） = \frac{W_q}{Q_{max}} \qquad (2-2)$$

式中：W_p——有功电量（kW·h）；

W_q——无功电量（kvar·h）。

（三）平均负荷

平均负荷是指电力用户在一段时间内消费功率的平均值，记作 P_{av}、Q_{av}、S_{av}。

如果 P_{av} 为平均有功负荷，其值为用户在 $0 \sim t$ 时间内所消耗的电能 W_p 除以时间 t，即：

$$P_{av} = \frac{W_p}{t} \qquad (2-3)$$

式中：W_p——$0 \sim t$ 时间内所消耗的电能（kW·h）。

对于年平均负荷，全年小时数取 8 760 h，W_p 就是全年消费的总电能。

（四）负荷系数

负荷系数也称负荷率，又叫作负荷曲线填充系数。它是表征负荷变化规律的一个参数。在最大工作班内，平均负荷与最大负荷之比称为负荷系数，并用 α、β 分别表示有功、无功负荷系数，即

$$\alpha = \frac{P_{av}}{P_{max}}, \ \beta = \frac{Q_{av}}{Q_{max}} \qquad (2-4)$$

负荷系数越大，则负荷曲线越平坦，负荷波动越小。根据经验，一般工厂负荷系数年平均值为 $\alpha = 0.70 \sim 0.75$，$\beta = 0.76 \sim 0.82$。

相同类型的工厂或车间具有近似的负荷系数。上述数据说明无功负荷曲线比有功负荷曲线平滑。一般 α 值比 β 值低 $10\% \sim 15\%$。

（五）需要系数 K_d

$$K_d = \frac{P_{max}}{P_c} \qquad (2-5)$$

式中：P_{max} ——用电设备组负荷曲线上最大有功负荷（kW）；

　　　P_c ——用电设备组的设备功率（kW）。

在供配电系统设计和运行中，常用需要系数 K_d。

四、负荷计算的主要内容

（一）设备容量

设备容量也称安装容量，它是用户安装的所有用电设备的额定容量或额定功率（设备铭牌上的数据）之和，是配电系统设计和负荷计算的基础资料和依据。

（二）计算负荷的概念

计算负荷也称为计算容量、需要负荷或最大负荷。它标志用户的最大用电功率。计算负荷是一个假想的持续性负荷。其热效应与同一时间内实际变动负荷所产生的最大热效应相等，是配电设计时选择变压器、确定备用电源容量、无功补偿容量和季节性负荷的依据，也是计算配电系统各回路中电流的依据。

（三）一级、二级负荷及消防负荷

一级、二级负荷及消防负荷用以确定变压器的台数和容量、备用电源或应急电源的形式、容量及配电系统的形式等。

（四）季节性负荷

从经济运行条件出发，季节性负荷用以考虑变压器的台数和容量。

（五）计算电流

计算电流是计算负荷在额定电压下的电流。它是配电系统设计的重要参数，是选择配电变压器、导体、电器、计算电压偏差、功率损耗的依据，也可以作为电能损耗及无功功率的估算依据。

（六）尖峰电流

尖峰电流也叫作冲击电流，是指单台或多台冲击性负荷设备在运行过程中，持续时间在 1 s 左右的最大负荷电流。它是计算电压损失、电压波动和选择导体、电器及保护元件的依据。大型冲击性电气设备的有功、无功尖峰电流是研究供配电系统稳定性的基础。

五、用电设备的主要工作特征

用电设备的工作制分为以下三种：

(一) 长期连续工作制

这类电气设备在运行工作中能够达到稳定的温升，能在规定环境温度下连续运行，设备任何部分的温度和温升均不超过允许值，它们的工作时间较长，温度稳定。

(二) 短时工作制

这类电气设备的工作时间较短，而停歇时间相对较长，如机床上的某些辅助电动机（如进给电动机、升降电动机、水渠闸门电动机等）。短时工作制的用电设备在工作时间内，电器载流导体不会达到稳定的温升，断电后却能完全冷却至环境温度。

(三) 断续周期工作制

这类设备周期性地"工作—停歇—工作"，如此反复运行，而工作周期一般不超过 10 min，如电焊机和起重机械。断续周期工作制的用电设备在工作时间内，电器载流导体不会达到稳定的温升，停歇时间内也不会完全冷却，在工作循环期间内温升会逐渐升高并最终达到稳定值。

断续周期工作制的设备，可用暂载率（又称负荷持续率）来代表其工作特征。暂载率为一个工作周期内工作时间与工作周期的百分比，用 ε 来表示，即：

$$\varepsilon = \frac{t}{T} \times 100\% = \frac{t}{t + t_0} \times 100\% \tag{2-6}$$

式中：T——工作周期；

t——工作周期内的工作时间；

t_0——工作周期内的停歇时间。

工作时间加停歇时间称为工作周期。根据中国的技术标准，规定工作周期以 10 min 为计算依据。吊车电动机的标准暂载率分为 15%、25%、40%、60% 四种；电焊设备的标准暂载率分为 50%、65%、75%、100% 四种。其中自动电焊机的暂载率为 100%，在建筑工程中通常按 100% 考虑。

第三节　负荷计算的方法

一、负荷计算的方法及用途

常用的负荷计算方法有需要系数法、利用系数法、二项式法、单位面积功率法等几种。

（一）需要系数法

用设备功率乘以需要系数和同时系数（一般 $K_\Sigma = 0.9$），直接求出计算负荷。这种方法比较简便，应用也较为广泛，尤其适用于变配电所的负荷计算。

（二）利用系数法

利用系数求出最大负荷班的平均负荷，再考虑设备台数和功率差异的影响，乘以与有效台数有关的最大系数得出计算负荷。这种方法的理论根据是概率论和数理统计，因而计算结果比较接近实际。这种方法适用于各种范围的负荷计算，但计算过程相对复杂。

（三）二项式法

将负荷分为基本部分和附加部分，后者考虑一定数量大容量设备影响，适用于机修类用电设备计算，其他各类车间和车间变电所施工设计亦常采用，二项式法计算结果一般偏大。

（四）单位面积功率法等

单位面积功率法、单位指标法和单位产品耗电量法，前两者多用于民用建筑，后者适用于某些工业，用于可行性研究和初步设计阶段电力负荷估算。

（五）台数较少的用电设备

2 台及 3 台用电设备的计算负荷，取各设备功率之和；4 台用电设备的计算负荷，取设备功率之和乘以系数 0.9。

由于建筑电气负荷具有负荷容量小、数量多且分散的特点，所以需要系数法、单位面积功率法和单位指标法比较适合建筑电气的负荷计算。根据《民用建筑设计规范》的规定，负荷计算方法选取原则是：一般情况下需要系数法用于初步设计及施工图设计阶段的负荷计算；而单位面积功率法和单位指标法用于方案设计阶段的负荷估算。对于住宅，在设计的各个阶段均可采用单位指标法。

二、设备功率的确定

进行负荷计算时，须将用电设备按其性质分为不同的用电设备组，然后确定设备功率。

用电设备的额定功率 P_r 以及额定容量 S_r 是指铭牌上的数据。对于不同暂载率下的额定功率或额定容量，应换算为统一暂载率下的有功功率，即设备功率 P_e。

（一）连续工作制

$$P_e = P_r \tag{2-7}$$

式中：P_r ——电动机的额定功率（kW）。

（二）短时工作制

设备功率等于设备额定功率：

$$P_e = S_r \tag{2-8}$$

（三）断续工作制

如起重机用电动机、电焊机等，其设备功率是指将额定功率换算为统一负载持续率下的有功功率。

1. 当采用需要系数法和二项式法计算负荷时，起重机用电动机类的设备功率为统一换算到负载持续率 $\varepsilon = 25\%$ 时的有功功率。

$$P_e = \sqrt{\frac{\varepsilon_r}{\varepsilon_{25}}}P_r = 2P_r\sqrt{\varepsilon_r} \tag{2-9}$$

式中：P_r ——负载持续率为 ε_r 时的电动机的额定功率（kW）；

ε_r ——电动机的额定负载持续率。

2. 当采用需要系数法和二项式法计算负荷时，断续工作制电焊机的设备功率是指将额定容量换算到负载持续率 $\varepsilon = 100\%$ 时的有功功率。

$$P_e = \sqrt{\frac{\varepsilon_r}{\varepsilon_{100}}}P_r = \sqrt{\varepsilon_r}S_r\cos\varphi \tag{2-10}$$

式中：S_r——负载持续率为 ε_r 时的电焊机的额定容量（kVA）；

ε_r——电焊机的额定负载持续率；

$\cos\varphi$——电焊机的功率因数。

三、需要系数法确定计算负荷

（一）用电设备组的计算负荷及计算电流

1. 有功功率

$$P_C = K_d \cdot P_e(\text{kW}) \tag{2-11}$$

2. 无功功率

$$Q_C = P_C \cdot \tan\varphi(\text{kvar}) \tag{2-12}$$

3. 视在功率

$$S_C = \sqrt{P_C^2 + Q_C^2}(\text{kVA}) \tag{2-13}$$

4. 计算电流

$$I_C = \frac{S_C}{\sqrt{3}\,U_r}(\text{A}) \tag{2-14}$$

式中：P_e——用电设备组的设备功率（kW）；

K_d——需要系数。

$\tan\varphi$——用电设备组的功率因数角的正切值；

U_r——用电设备额定电压（线电压）（kV）。

（二）多组用电设备组的计算负荷

在配电干线上或在变电所低压母线上，常有多个用电设备组同时工作，但各个用电设备组的最大负荷并非同时出现，因此在求配电干线或变电所低压母线的计算负荷时，应再计入一个同时系数（或叫同期系数）K_Σ。具体计算如下：

1. 有功功率

$$P_C = K_{\Sigma p} \sum_{i=1}^{n} P_{ci} \tag{2-15}$$

2. 无功功率

$$Q_C = K_{\Sigma q} \sum_{i=1}^{n} Q_{ci} \tag{2-16}$$

3. 视在功率

$$S_C = \sqrt{P_C^2 + Q_C^2} \qquad (2-17)$$

4. 计算电流

$$I_C = \frac{S_C}{\sqrt{3}\,U_r} \qquad (2-18)$$

式中：$\sum\limits_{i=1}^{n} P_{ci}$ —— n 组用电设备的计算有功功率之和（kW）；

$\sum\limits_{i=1}^{n} Q_{ci}$ —— n 组用电设备的计算无功功率之和（kvar）；

K_{Σ_p}、K_{Σ_q} ——有功功率、无功功率同时系数，分别取 0.8~1.0 和 0.93~1.0。

在计算多组用电设备组的计算负荷时应当注意的是：当其中有一组短时工作的设备且容量相对较小时，短时工作的用电设备组的容量不计入总容量。

（三）单相负荷计算

单相负荷应均衡地分配到三相上。当无法使三相完全平衡时，且最大相与最小相负荷之差大于三相总负荷的 10% 时，应取最大相负荷的 3 倍作为等效三相负荷计算。否则按三相对称负荷计算。

（四）尖峰电流

尖峰电流是指单台或多台用电设备持续 1~2 s 的短时最大负荷电流，尖峰电流一般出现在电动机启动过程中。计算电压波动、选择熔断器和自动开关、整定继电保护装置、校验电动机自启动条件时需要校验尖峰电流值。

①单台电动机的尖峰电流是电动机的启动电流，笼型异步电动机的启动电流一般为其额定电流的 3~7 倍。

$$I_{jf} = KI_{rM} \qquad (2-19)$$

式中：I_{jf} ——尖峰电流（A）；

K ——启动电流倍数，在电动机产品样本中可以查取；

I_{rM} ——电动机的额定电流（A）。

②多台电动机供电回路的尖峰电流是最大一台电动机的启动电流与其余电动机的计算电流之和。

$$I_{jf} = (KI_{rM})_{max} + \sum I_C \qquad (2-20)$$

式中：I_{jf} ——尖峰电流（A）；

$(KI_{rM})_{max}$——最大容量电动机的启动电流（A）；

$\sum I_C$——除最大容量电动机之外的其余电动机计算电流之和（A）。

③自启动电动机组的尖峰电流是所有参与自启动电动机的启动电流之和。

$$I_{jf} = \sum_{i=1}^{n} I_{jfi} \qquad (2-21)$$

式中：n——参与自起动的电动机台数；

I_{jfi}——第 i 台电动机的启动电流（A）。

（五）用电设备容量处理

进行负荷计算时，应先对用电设备容量进行如下处理：

①单台设备的功率一般取其铭牌上的额定功率。

②连续工作的电动机的设备容量即铭牌上的额定功率，是输出功率，未计入电动机本身的损耗。

③照明负荷的用电设备容量应根据所用光源的额定功率加上附属设备的功率。如气体放电灯、金属卤化物灯，为灯泡的额定功率加上镇流器的功耗。

④低压卤钨灯为灯泡的额定功率加上变压器的功率。

⑤用电设备组的设备容量不应包括备用设备。非火灾时使用的消防设备容量应列入总设备容量。

⑥消防时的最大负荷与非火灾时使用的最大负荷应择其大者计入总容量。

⑦季节性用电设备（如制冷设备和采暖设备）应择其大者计入总设备容量。

⑧住宅的设备应采用每户的用电指标之和。

四、单位面积功率法和负荷密度法确定计算负荷

$$P_C = \frac{P'_e S}{1000} \qquad (2-22)$$

式中：P'_e——单位面积功率（负荷密度）（W/m^2）；

S——建筑面积（m^2）。

第四节 现代建筑常见用电负荷的类别

随着社会的发展，现代建筑已经不仅仅是为人类提供遮风挡雨的地方，而是变成了多

功能性的建筑。正是这些多功能性对建筑电气的设计和施工提出了更高的要求，所涉及的内容也就更多。现代建筑常见用电负荷的类别如下：

一、给排水动力负荷

消防泵、喷淋泵这些均为消防负荷，火灾时是不能中断供电的。供电等级为本建筑物的最高负荷等级。这类设备一般均有备用机组，而消防泵、喷淋泵的主泵及备用泵在非火灾情况下是不使用的。这里应注意的是，消防泵、喷淋泵机房内的排污水泵的供电负荷等级应和它们的主设备相同。

生活水泵一般是为建筑物提供生活用水的。从供电的角度讲它属于非消防负荷，火灾是不使用的。但由于它和人们的生活密切相关，故供电等级为本建筑物的最高负荷等级。

二、冷冻机组动力负荷

随着人们对生活舒适性要求的提高，具有采用冷冻机组技术夏季制冷、冬季制热的现代建筑日益增多。冷冻机组容量占设备总容量的30%~40%，年运行时间较长，耗电量大，在建筑供电系统中是不可忽视的，它的供电负荷等级一般为三级。在有些地区为了减少建筑物的运行费用，通常采用夏季用冷冻机组制冷、冬季采用锅炉采暖的运行方式。当采用这种方式时，变电所负荷统计应注意的一个地方是选取上述中较大的计入总容量；再有就是采暖锅炉及其配套设备的供电负荷等级根据锅炉吨位的不同也有所不同，一般分为二级或三级负荷。

三、电梯负荷（非消防电梯）

高层建筑的垂直电梯，根据其用途的不同可分为非消防电梯和消防电梯。非消防电梯包括客梯、货梯。客梯一般为二级或三级负荷；客梯的供电负荷根据建筑物的供电负荷等级的不同有所不同。在高层建筑内还有专为运送消防队员用的专用电梯，即消防电梯。消防电梯的供电负荷等级为建筑物的最高负荷等级。无论消防电梯还是普通客梯均要求单独回路供电。在多数建筑内消防电梯一般兼作一般客梯，这一点在变电所负荷统计时应值得注意。在商业建筑内经常采用的扶梯，其供电负荷等级根据商业建筑规模的大小一般为二级或三级负荷。

四、照明负荷

建筑内的照明负荷分为两大类。一类为应急照明及消防设备用电照明，其供电负荷等级根据建筑的使用性质不同有所不同，一般为建筑物的最高供电负荷等级，火灾时是绝对不能断电的。另一类是普通照明，值得注意的是，此类负荷的供电负荷等级根据建筑的使用性质不同，可分为一级、二级或三级，但无论负荷等级如何，火灾时均应切断其电源。

五、风机负荷

在高层建筑中常有地下层，是在挖掘地基时，浇注地基、柱子、承重墙后留下的地下空间，标高在地面以下，称为地下层，往往多达四五层或以上。这部分建筑空间可以作停车场、修建蓄水池、生活污水处理池、冷冻机及通风机组设备和变电所等设备的设备用房。供配电设备设置在地下层内，有利于对这些冷、热水机组及辅助电动机组，送风排风机组等就近供电，减少电能损耗。

将室外新鲜空气抽入建筑物内，称为新风风机，简称新风机或送风机；将室内空气抽出到室外，称为抽风机或排风机。

在高层建筑中，火灾烟雾会使人窒息死亡。因此，必须设置专用的防烟、排烟风机，火灾发生后，在防烟楼梯间内，用正压力送风机送入室外新鲜空气，加大楼梯间内空气的压力，防止烟气进入楼梯井内，便于人员安全疏散等。属于消防系统使用的风机用电根据建筑的使用性质不同，分为一级或二级负荷，且须与防灾中心实行联动控制。

六、弱电设备负荷

高层建筑物中，弱电设备种类多，就建筑物的使用功能不同，对弱电设备的选择设置也就各不相同。就国内外若干建筑工程设计施工及运行经验而论，高层智能建筑物的弱电系统，可以说它就是相当于智能中枢神经系统，对建筑物进行防灾减灾灭灾，各种通信及数据信息进行传递、交换、应答起到了非常关键的作用。

因此，在处理建筑物弱电系统的工程设计时，根据建筑物负荷等级划分的原则，原则上将弱电系统的电源供电，按建筑物的最高供电负荷等级供电。有的甚至是特别重要负荷。如大型百货商店（商场）、大型金融中心（银行）的经营管理用电子计算机系统、关键电子计算机系统和防盗报警系统。

弱电系统用电负荷主要包括：

防灾中心用电负荷、程控数字通信及传真系统用电负荷、办公自动化系统用电负荷、卫星电视及共用天线电视用电负荷、保安监察电视系统用电负荷，和大型国际比赛场馆的计时记分电子计算机系统以及监控系统，和大型百货商店（商场）、大型金融中心（银行）的经营管理用电子计算机系统、其他关键电子计算机系统和防盗报警系统等。

第五节　建筑供配电系统无功功率的补偿

电力系统中的供配电线路及变压器和大部分的负载都属于感性负载，它从电源吸收无功功率，功率因数较低，造成电能损耗和电压损耗，使设备使用效率相应降低。尤其是变压器轻载运行时，功率因数最低。供电部门征收电费时，将功率因数高低作为一项重要的经济指标。要提高功率因数，首先要合理选择和使用电器，减少用电设备本身所消耗的无功功率。一般在配电线路上装设静电电容器、调相机等设备，以提高整体配电线路的功率因数。

一、功率因数要求值

功率因数应满足当地供电部门的要求，当无明确要求时，应满足如下值：

高压用户的功率因数应为 0.90 以上。

低压用户的功率因数应为 0.85 以上。

二、无功补偿措施

(一) 提高自然功率因数

正确选择变压器容量。

正确选择变压器台数，可以切除季节性负荷用的变压器。

减少供电线路感抗。

有条件时尽量采用同步电动机。

(二) 采用电力电容器补偿

在实际供电系统中，大部分是电感性和电阻性的负载。因此，总的电流 I 将滞后电压 U 一个角度 Φ。如果装设电容器，并与负载并联，使电路功率因数角变小，功率因数提高，该并联电容器也称为移相电容器。

一般采用在变电所低压侧集中补偿方式。且宜采用自动调节式补偿装置，防止无功负荷倒送。

当设备（吊车、电梯等机械负荷可能驱动电动机用电设备除外）的无功计算负荷大于 100 kvar 时，可在设备附近就地补偿。一般和用电设备合用一套开关，与用电设备同时投入运行和断开。这种补偿的优点是补偿效果好，能最大限度地减少系统的无功输送量，使得整个线路变压器的有功损耗减少，缺点是总的投资大，电容器的利用率低，不便于统一管理。对于连续运行的用电设备且容量大时，所需补偿的无功负荷较大，适宜采用就地补偿。

三、补偿的容量

（一）在供电系统方案设计时

在供电系统方案设计时，无功补偿容量可按变压器容量的15%~25%估算。

（二）在施工图设计时

在施工图设计时应进行无功功率计算。

电容器的补偿容量为：

$$Q_C = P_C(\tan\varphi_1 - \tan\varphi_2) \tag{2-23}$$

式中：Q_C——补偿容量（kvar）；

P_C——计算负荷（kW）；

φ_1、φ_2——补偿前后的功率因数角。

常把"$\tan\varphi_1 - \tan\varphi_2 = \Delta q_C$"称为补偿率。

在确定了总的补偿容量后，即可以根据所选并联电容器的单个容量 q_c 来确定电容器个数：

$$n = \frac{Q_C}{q_C} \tag{2-24}$$

（三）采用自动调节补偿方式时

采用自动调节补偿方式时，补偿电容器的安装容量宜留有适当余量。

第六节 供配电系统中的能量损耗

当电流流过供配电线路和变压器时，由于均具有电阻和电抗，所以会引起功率和电能的损耗。这些损耗要由电力系统供给。因此，在确定计算负荷时，应计入这部分损耗。供电系统在传输电能过程中，线路和变压器损耗占总供电量的百分数称为线损率。功率损耗分为有功损耗和无功损耗两部分。

一、供电线路的功率损耗

三相供电线路的有功功率损耗 ΔP_{L} 为

$$\Delta P_{\mathrm{L}} = 3I_{\mathrm{C}}^2 \cdot r_0 \cdot l \times 10^{-3}(\mathrm{kW}) \tag{2-25}$$

无功功率损耗 ΔQ_{L} 为

$$\Delta Q_{\mathrm{L}} = 3I_{\mathrm{C}}^2 \cdot X_0 \cdot l \times 10^{-3}(\mathrm{kvar}) \tag{2-26}$$

式中：l——线路每相计算长度（km）；

X_0——线路的交流电阻和电抗。

二、变压器的功率损耗

变压器功率损耗包括有功功率损耗和无功功率损耗两部分。

（一）有功功率损耗

变压器的有功功率损耗（ΔP_{T}）又由以下两部分组成。

1. 铁损 ΔP_{Fe}

铁损是变压器主磁通在铁芯中产生的有功损耗。铁损又称为空载损耗，ΔP_0 近似认为是变压器铁损 ΔP_{Fe}。

2. 铜损 ΔP_{Cu}

铜损是变压器负荷电流在一次、二次绕组的电阻中产生的有功损耗，其值与负荷电流（或功率）的平方成正比。变压器的短路损耗 ΔP_{k} 可认为就是额定电流下的铜损 ΔP_{Cu}。

$$\Delta P_{\mathrm{T}} = \Delta P_{\mathrm{Fe}} + \Delta P_{\mathrm{Cu}} = \Delta P_{\mathrm{Fe}} + \Delta P_{\mathrm{k}}\left(\frac{S_{\mathrm{c}}}{S_{\mathrm{N}}}\right)^2 \approx \Delta P_0 + \Delta P_{\mathrm{k}}\left(\frac{S_{\mathrm{c}}}{S_{\mathrm{N}}}\right)^2 \tag{2-28}$$

或

$$\Delta P_{\mathrm{T}} \approx \Delta P_0 + \Delta P_{\mathrm{k}}\beta^2 \tag{2-29}$$

式中：S_N——变压器的额定容量（kVA）；

S_{c}——变压器的计算负荷（kVA）；

β——变压器的负荷率，$\beta = \dfrac{S_{\mathrm{c}}}{S_{\mathrm{N}}}$。

（二）无功功率损耗

变压器的无功功率损耗也由两部分组成。

第一，ΔQ_0 是变压器空载时，由产生主磁通的励磁电流造成的。

$$\Delta Q_0 \approx \frac{I_0\%}{100}S_N \qquad (2-30)$$

式中：$I_0\%$ ——变压器空载电流占额定电流的百分值。

第二，ΔQ_N 是变压器负荷电流在一次、二次绕组电抗上所产生的无功功率损耗，其值也与电流的平方成正比。

$$\Delta Q_N \approx \frac{U_k\%}{100}S_N \qquad (2-31)$$

式中：$U_k\%$ ——变压器的短路电压百分值。

因此，变压器的无功功率损耗为

$$\Delta Q_T = \Delta Q_0 + \Delta Q_N \left(\frac{S_c}{S_N}\right)^2 \approx S_N\left[\frac{I_0\%}{100} + \frac{U_k\%}{100}\left(\frac{S_c}{S_N}\right)^2\right] \qquad (2-32)$$

$$\Delta Q_T \approx S_N\left(\frac{I_0\%}{100} + \frac{U_k\%}{100}\beta^2\right) \qquad (2-33)$$

以上各式中，ΔP_0、ΔP_k、$I_0\%$ 和 $U_k\%$ 均可由变压器产品目录中查得。

三、供配电系统年电能损耗

在供配电系统中通常利用最大负荷损耗时间，近似地计算线路和变压器有功电能损耗。最大负荷损耗时间 τ 的物理意义为：当线路和变压器中以最大负荷电流流过 τ 小时后所产生的电能损耗，等于全年流过实际变化电流时的电能损耗。τ 与年最大负荷利用小时数 T_m 和负荷功率因数 $\cos\varphi$ 有关。

（一）线路年电能损耗

$$\Delta W_L = \Delta P_L \tau \qquad (2-34)$$

式中：ΔP_L ——三相线路中有功功率损耗（kW）；

τ ——最大负荷损耗小时数。

（二）变压器年电能损耗

$$\Delta W_T = \Delta P_0 t + \Delta P_k \left(\frac{S_c}{S_r}\right)^2 \tau \qquad (2-35)$$

式中：t ——变压器全年实际运行小时数；

ΔP_0——变压器空载有功功率损耗（kW）；

ΔP_k ——变压器满载有功功率损耗（kW）；

τ ——最大负荷损耗小时数，可按最大负荷利用小时数 T_{max} 及功率因数 $\cos\varphi$ 计算；

S_c ——变压器计算负荷（kVA）；

S_r ——变压器额定容量（kVA）。

四、线损耗和年电能需要量计算

（一）线损率计算

一般是采用一定时间（一月或一年）内损失的电能和所对应总的供电量之比来表示，即

$$\eta = \frac{\sum \Delta W_L + \sum \Delta W_\tau}{W} \times 100\% \qquad (2-36)$$

式中：η ——供电系统线损率；

$\sum \Delta W_L$ ——线路全年损失电量（kWh）；

$\sum \Delta W_r$ ——变压器全年损失电量（kWh）；

W ——供电系统全年总供电量（kWh）。

（二）年电能需要量计算

工厂一年内消耗的电能为年平均负荷与全年实际运行小时数的乘积，即

$$\left. \begin{array}{l} W_y = \alpha_{av} P_c T_n \\ W_m = \beta_{av} Q_c T_n \end{array} \right\} \qquad (2-37)$$

式中：P_c、Q_c ——企业的计算有功功率、计算无功功率（kW、kvar）；

T_n ——年实际运行小时数，一班制为 1 860 h，二班制为 3 720 h，三班制为 5 580 h；

α_{av}、β_{av} ——年平均有功负荷系数、年平均无功负荷系数。

第三章 电缆工程施工

第一节 电缆工程施工概述

一、电缆的构造及分类

电缆是一种特殊的导线，它是将一根或数根绝缘导线组合成线芯，外面再包覆上包扎层而成。电缆按用途分为电力电缆和控制电缆两大类。电力电缆主要用于分配大功率电能；控制电缆则用于在电气装置中传输操作电流、连接电气仪表、继电保护和自控回路用，一般运行电压为 500 V 或 1 000 V 以下，线芯截面面积较小，通常在 1.5~10 mm²，均为多芯电缆。这里主要介绍前者。

电力电缆一般由线芯、绝缘层和保护层三个主要部分组成。线芯由铜或铝的多股导线做成，用来输送电流；绝缘层用于线芯之间以及线芯与保护层之间的隔离；保护层又称为护层，它是为使电缆适应各种环境条件，在绝缘层外包覆的覆盖层。电缆采用的护层主要有金属护层、橡塑护层和组合护层三大类。保护层一般由内护层和外护层组成。内护层一般由金属套、非金属套或组合套构成；外护层包在内护层外，用以保护电缆免受机械损伤或腐蚀。外护层一般由内衬层、铠装层、外被层三部分组成，通常在型号中以数字表示。

电力电缆按其使用的绝缘材料、封包结构、电压、芯数以及内外层材料的不同又有许多分类方法，为区别不同的电力电缆，其结构特征通常以型号表示。电力电缆型号由下面7部分组成：

其中，第 1 项表征产品类别或用途；第 2~6 项表示电缆从内至外各层材料和结构的特征；第 7 项为同一产品派生结构，可表示不同耐压等级、使用频率等。电力电缆型号中的字母排列次序和字符的含义见表 3-1。

表3-1　电力电缆型号含义

类别	导体	绝缘	内护套	电缆特征	保护层	铠装层
V—塑料电缆	L—铝芯线	V—聚氯乙烯	H—橡套	CY—充油	1——级防腐	1—麻被
X—橡皮电缆	T—铜芯线	X—橡皮	F—氯丁橡套	D—不滴流	2—二级防腐	2—钢带
Z—纸绝缘电缆	—	XD—丁基橡胶	L—铝包	F—分相护套	普通型	20—裸钢丝
YJ—交联聚乙烯绝缘电缆	—	Y—聚乙烯	Q—铅包	P—干绝缘（贫油纸绝缘）	—	3—细钢丝
—	—	Z—油浸纸	V—聚氯乙烯护套	Z—直流	—	30—裸细钢丝
—	—	—	Y—聚乙烯护套	—	—	5—粗钢丝
—	—	—	—	—	—	50—裸粗钢丝
—	—	—	—	—	—	9—内钢带

其中，油浸纸绝缘电力电缆的优点是使用寿命长、耐压强度高、热稳定性好，但制造工艺比较复杂，而且电力电缆的浸渍剂容易淌流，容易在纸绝缘内形成气隙。因此，使用温度不能高，敷设高差不能大，需要垂直敷设的场合应选用不滴流浸渍型电缆。

聚氯乙烯绝缘、聚乙烯护套电力电缆，即 VLV 或 VV 型全塑电力电缆性能较好，抗腐蚀，具有一定的机械强度，制造简单，适合敷设在室内、隧道及管道内；钢带铠装型则可敷设在地下，能够承受一定的机械力，工程上使用较多，尤其多用于 10 kV 及以下的电力系统中。

交流 500V 及以下的线路多使用橡皮绝缘聚氯乙烯护套 XLV（XV）型电力电缆。

我国生产的电力电缆线芯的标称截面面积有以下种类：1 mm²、1.5 mm²、2.5 mm²、4 mm²、6 mm²、10 mm²、25 mm²、35 mm²、70 mm²、95 mm²、120 mm²、150 mm²、185 mm²、240 mm²、300 mm²、400 mm²、500 mm²、625 mm²、800 mm²。电缆截面面积的选择一般按电缆长期运行允许的载流量和允许的电压损失来确定。电缆的型号选择应按环境条件、敷设方式、用电设备的要求等综合考虑。一般应遵循下列原则：

①一般环境和场所宜采用铝芯电缆；在振动剧烈和有特殊要求的场所应采用铜芯电缆；规模较大的重要公共建筑宜采用铜芯电缆。

②埋地敷设电缆，宜采用有外护层的铠装电缆。在无机械损伤可能的场所，也可采用塑料护套电缆或带外护层的铅（铝）包电缆。

③在有可能发生位移的土壤中（如沼泽、流沙、大型建筑物附近）埋地敷设电缆，应采用钢丝铠装电缆或采取措施消除因电缆位移而产生的应力作用。

④在有化学腐蚀或杂散电流腐蚀的土壤中，不宜采用埋地敷设。如果必须埋地时，应采用防腐型电缆或采取防腐措施。

⑤敷设在管内或排管内的电缆，宜采用塑料护套电缆，也可采用裸铠装电缆或特殊加厚的裸铅包电缆。

⑥在电缆沟或电缆隧道内敷设的电缆，不宜采用有易燃和延燃的外护层，应采用裸铠装电缆、裸铅包电缆或阻燃塑料护套电缆。

⑦架空电缆宜采用有外被层的电缆或全塑电缆。

⑧当电缆敷设在有较高落差的场所时，宜采用塑料电缆、不滴流电缆或干绝缘电缆。

⑨三相四线系统中应采用四芯电缆，不应采用三芯电缆外加一根单芯电缆的形式，也不允许用导线、电缆金属护套作为中性线。

⑩在三相系统中，不得将三芯电缆中的一芯接地。

二、电缆敷设前的准备

（一）会审图样

电缆施工图一般包括：电缆线路平面布置图、电缆排列平面图、固定电缆用的零件结构图（如无此图，可参考全国通用标准图集）、电缆清册。

一般设计人员要向施工技术人员进行技术交底。施工单位的技术人员在充分理解设计意图与重点、难点技术后，要对照有关图样、图集认真领会、深刻理解图样，并结合施工现场确定施工组织措施。

（二）材料检查

材料检查包括电缆的外观检查和电缆结构质量检查。电缆及其附件到达现场后，应按下列要求进行外观检查：

第一，产品的技术文件应齐全。

第二，电缆型号、规格、长度应符合设计及订货要求，附件应齐全。

第三，电缆外观应无损伤，绝缘良好，电缆封端应严密，当对电缆外观有怀疑时，应进行潮湿判断或试验，直埋电缆与水底电缆应试验合格。

第四，充油电缆及其附件应完好无损，其压力油箱油管无裂纹、油无渗漏、油压及其表针指示符合正常压力；阀门和压力表应符合要求且完好无损，充油电缆的油压不宜低于0.15 MPa；压力油箱的供油阀门关闭灵活，且应在开启位置，使压力油箱与电缆油路相通；所有管接头应无油渗漏，封端密封良好，油样应试验合格。

电缆制造工艺复杂，难免会出现一些缺陷。因此，安装前应对电缆结构情况进行详细检查及时发现问题，避免投入运行后发生严重故障。

电缆结构质量检查一般是从整盘电缆的末端割下一段长约 1 m、没有任何外伤的完整样品，从最外层开始至电缆线芯逐层剖验，并做记录。

1. 截面

查看电缆芯的排列是否沿电缆中心对称，缆芯导体结构形式是否与制造厂提供的标准规格相符。

2. 外被层

用卡规测量电缆的外径，取 4 次测量的平均值，与标准对照。然后剥开外被层或黄麻护层，检查其层数、宽度、厚度、重叠尺寸和沥青浸渍情况是否符合要求。

3. 铠装层

测量其直径，然后剥开铠装层，记录钢带层数、宽度、厚度。钢带不应有裂口或凸缘，下面一层钢带圈间的间隙应被上面一层钢带覆盖住。钢带应缠绕紧密，不得有滑动现象。如用钢丝铠装，还应查明钢丝根数和直径。

4. 内衬层

内衬层检查项目与外被层相同。内衬层防腐带应紧贴在铅（铝）包皮上，不应有皱褶或隆起的地方。

5. 内护层

擦净铅（铝）包护套检查内护层表面，应光滑，无混杂的颗粒、氧化物、气孔接合处无裂缝，并检查铅（铝）包厚度是否符合规定。

6. 线芯

去除铅（铝、塑）包，依次检查统包绝缘和缆芯绝缘的直径、厚度、纸层数目、厚度、宽度，以及纸带间的间隙和上、下层的叠盖情况。纸带应包缠整齐紧固，无皱褶、裂口、擦伤等。导线芯表面应平整光滑，无倒刺、卷转、擦伤等情况，线芯表面不应有氧化现象，检查线芯的直径和截面面积是否符合规定。

（三）电缆的存放与保管

电缆及附件如不立即安装，应按下述要求储存：

①电缆应集中分类存放，盘上应标明型号、电压等级、规格、长度。电缆盘之间应有通道，地基应坚实，易于排水；橡塑护套电缆应有防晒措施。

②66 kV 及以上充油电缆头的瓷套。在室外储存时，应有防止受机械损伤的措施。

③电缆附件与绝缘材料的防潮包装应密封良好，并置于干燥的室内。

④电缆在保存期间，应每三个月检查一次。

第二节　电缆的敷设

一、电缆的施工方式及规定

电缆的敷设方法很多，有直埋敷设、排管内敷设、电缆沟或电缆隧道内敷设、电缆桥架明敷设等，应根据电缆线路的长度、电缆数量、环境条件等综合决定。设计图样上一般应指定敷设方式。

电缆敷设时一般规定如下：

①敷设时不得破坏电缆沟和隧道的防水层。

②在三相四线制系统中使用的电力电缆，不可采用三芯电缆外加一根电缆（或导线）方式，也不得使用电缆金属护套作中性线。

③并联运行的各条电力电缆长度应相等。

④电缆终端头及中间头附近应留备用长度。

⑤敷设时不可使电缆过分弯曲，以免受机械损伤，其弯曲半径应符合表 3-2 的规定。

表 3-2　电缆最小允许弯曲半径与电缆外径的比值

电缆形式			多芯	单芯
控制电缆			10	0
橡皮绝缘电力电缆	无铅包、钢铠护套		10	
	裸铅包护套		15	
	钢铠护套		20	
聚氯乙烯绝缘电力电缆			10	
交联聚氯乙烯绝缘电力电缆			15	20
油浸纸绝缘电力电缆	铅包		30	
	铅包	有铠装	15	20
		无铠装	20	—
自容式充油（铅包）电缆			—	20

⑥油浸纸绝缘电缆的最高与最低点之间的最大位差不应超过表 3-3 的规定，如不满

足，则应更换为其他类型电缆。

表 3-3 油浸纸绝缘铅包电力电缆最大允许敷设位差

电压/ kV	电缆护层结构	最大允许敷设位差/m	
		铅包	铝包
1~3	无铠装	20	25
	铠装	25	
6~10	铠装或无铠装	15	20

⑦电缆垂直敷设或超过45°倾斜敷设时，在每个支架上均须固定。水平敷设时则只须在电缆首末两端、转弯及接头的两端处固定。各支持点间距可按设计值或表3-4中的规定。

表 3-4 电缆各支持点之间的距离　　　　　　　　　　　　（单位：mm）

敷设方式		支架敷设		钢索悬吊敷设	
电缆种类		水平	垂直	水平	垂直
电力电缆	充油电缆	1 500	2 000	—	—
	其他电缆	1 000	2 000	750	1 500
控制电缆		800	1 000	600	750

注：支架敷设包括墙壁、构架、楼板等非支架固定。

电力电缆与控制电缆在同一支架上敷设时，支持点间距按控制电缆要求。

⑧施放电缆时，电缆应从盘的上部引出。用机械牵引时，牵引强度不应大于表3-5中给定值。

表 3-5 电缆最大允许牵引强度

牵引方式	牵引头		钢丝网套	
受力部位	铜芯	铝芯	铅包	铝包
允许牵引强度/MPa	0.7	0.4	0.1	0.4

⑨敷设时，若电缆存放处在敷设前24 h内平均气温以及施工工地的温度低于表3-6中的数值时，电缆应加热，否则不能敷设。

加热电缆的方法如下：

一是用提高周围环境温度的方法加热。当环境温度为5~10 ℃时，需要加热72 h。当环境温度为25 ℃时，则需要加热24~36 h。

二是用电流通过电缆导体的方法加热。该加热电流不得大于电缆的额定电流。

加热后的电缆应尽快敷设，加热后放置最多不宜超过 1 h。当电缆冷却到表 3-6 规定的环境温度以下时，不宜再弯曲。

表 3-6　电缆最低允许敷设温度

电缆类型	电缆结构	最低允许敷设温度/℃
油浸纸绝缘电力电缆	充油电缆	−10
	其他油纸电缆	0
橡皮绝缘电力电缆	橡皮或聚氯乙烯护套	−15
	裸铅包	−20
	铅包钢带铠装	−7
塑料绝缘电力电缆	—	0
控制电缆	耐寒护套	−20
	橡皮绝缘聚氯乙烯护套	−15
	聚氯乙烯绝缘聚氯乙烯护套	−10

⑩电缆敷设时不宜交叉，要排列整齐，并加以固定，且装设标识牌。

⑪电缆进入电缆沟、隧道、竖井、建筑物、盘（柜）以及穿入管子时，出、入口应封闭，管中应密闭。

⑫并列敷设的电缆，其接头盒位置要错开。明敷设电缆的接头盒，须用石棉板等托板托置固定，并用隔板将接头盒与其他电缆隔开。直埋电缆的接头盒外应有防机械损伤的保护盒。位于冻土层内的保护盒，盒内宜注以沥青，以防水分进入冻坏电缆头。

二、电缆的直埋敷设

电缆直接埋地敷设因施工简便、造价低、散热好成为应用最广泛的敷设方法。当同一路径敷设的室外电缆根数为 8 根及以下，并且场地有条件时，电缆宜采用直埋敷设。

直埋电缆宜采用有外护套的铠装电缆，在无机械损伤可能的场所，也可采用塑料护套电缆或带外护套的铅（铝）包电缆。在直埋电缆线路路径上，如果存在可能使电缆受机械损伤、化学作用、地下电流、振动、热影响、腐殖物质、鼠害等的危险地段，应采取保护措施。在含有酸、碱强腐蚀或杂散电化学腐蚀的地段，电缆不宜采用直埋敷设。

（一）埋设要求

直埋电缆应符合下列要求：

第一，埋设深度：一般地区不应小于 0.7 m，农田中和 66 kV 及以上电力电缆不应小于 1 m；在寒冷地带要保证电缆埋在冻土层以下，如果无法在冻土层以下敷设，应沿整个电缆线路的上下各铺 100~200 mm 厚的砂层。

第二，电缆之间，电缆与其他管道、道路、建筑物等平行和交叉时的最小距离应符合表 3-7 的规定，严禁将电缆平行敷设于管道的上面或下面。

表 3-7　电缆之间，电缆与管道、道路、建筑物间平行或交叉时最小允许净距

序号	项目		最小允许净距/m		备注
			平行	交叉	
1	电力电缆间及其与控制电缆间	10 kV 及以下	0.10	0.50	控制电缆间平行敷设时的间距不做规定；序号 1、3 项，当电缆穿管或用隔板隔开时，平行净距可降低为 0.1 m；在交叉点前后 1 m 范围内，若电缆穿管或用隔板隔开，交叉净距可降低为 0.25 m
		10 kV 以上	0.25		
2	控制电缆间				
3	不同使用部门的电缆间		0.50		
4	热管道及热力设备		2.00		虽净距能满足要求，但为检修时不损伤电缆，在交叉点前后 1 m 范围应采取保护措施；当交叉净距不能满足要求，应将电缆穿管，其净距可减为 0.25 m；对序号 4，应采取隔热措施，使电缆周围土壤温升不超过 10℃
5	油管道		1.00		
6	可燃气体及易燃液体管道				
7	其他管道		0.50		
8	铁路轨道		3.00		—
9	电气化铁路轨道	交流		1.00	
		直流	10.00		
10	公路		1.50		特殊情况，平行净距可酌减
11	城市街道路面		1.00	0.70	
12	电杆基础（边线）		—	—	—
13	建筑物基础（边线）		0.60		—
14	排水沟		1.00	0.50	

第三，电缆与铁路、公路、城市道路、厂区道路、排水沟交叉时，应敷设于坚固的保护管或隧道内。保护管的两端宜伸出道路路基两边各 2 m，伸出排水沟 0.5 m。

（二）电缆沟

电缆沟的挖掘深度，可根据电缆在沟内平行敷设时，电缆外径再加上电缆下部垫层的厚度（100 mm）。正常情况下，挖掘电缆沟的深度不宜浅于850 mm。但同时还应考虑其与其他地下管线交叉所应保持的距离。

电缆沟挖掘的宽度应根据土质情况、人体宽度、沟深、电缆条数和电缆间距离来确定。沟的宽度通常按电缆外径加上电缆之间最小净距计算。一般在电缆沟内只敷设一条电缆时，沟宽为0.4~0.5 m；同沟敷设两根电缆时，沟宽在0.6 m左右。控制电缆之间的间距不做规定。单芯电力电缆直埋敷设时，可按品字形排列，电缆线使用电缆卡带捆扎后，外径按单芯电缆外径的两倍计算。

在电缆沟开挖前应先挖样坑，以帮助了解地下管线的布置情况和土质对电缆护层是否会有损害，以进一步采取相应措施。样坑的宽度和深度一定要大于施放电缆本身所需的宽度和深度。样坑挖掘应特别仔细，以免损坏地下管线和其他地下设施。

电缆沟应垂直开挖，不可上狭下宽或掏空挖掘，开挖出来的泥土与其他杂物应分别堆置于距沟边0.3m以外的两侧，这样既可避免石块等硬物滑进沟内使电缆受到机械损伤，又留出了人工牵引电缆时的通道，还方便电缆施放后从沟边取细土覆盖电缆。人工开挖电缆沟时，电缆沟两侧应根据土壤情况留置边坡，防止塌方。

在土质松软的地段施工时，应在沟壁上加装护土板，以防挖好的电缆沟坍塌。在挖沟时，如遇到有坚硬的石块、砖块和含有酸、碱等腐蚀物质的土壤，应清除干净，调换成无腐蚀性的松软土质。

在有地下管线地段挖掘时，应采取措施防止损伤管线。在杆塔或建筑物附近挖沟时，应采取防止倒塌的措施。直埋电缆沟在电缆转弯处要挖成圆弧形，以保证电缆的弯曲半径。在电缆接头的两端以及电缆引入建筑物和引上电杆处，要挖出备用电缆的预留坑。

当电缆沟全部挖完后，应将沟底铲平夯实。

（三）电缆敷设

电缆之间，电缆与其他管道、道路、建筑物等之间平行和交叉时的最小净距，应符合表3-7的规定。严禁将电缆平行敷设于管道的上方或下方。

当施工条件无法满足以上规定时，电力电缆间及其与控制电缆间或不同使用部门的电缆间，当电缆穿管或用隔板隔开时，平行净距可降低为0.1 m，在交叉点前后1 m范围内，其交叉净距可降为0.25 m。电缆与热管道（沟）、油管道（沟）、可燃气体及易燃液体管道（沟）、热力设备或其他管道（沟）之间，虽净距能满足要求，但检修管路可能伤及电线时，在交叉点前后 1 m 范围内，应采取保护措施。电缆应穿石棉水泥管保护，热管道外应有厚度不小于 50 mm 的玻璃棉瓦隔热层，并外包二毡三油，且电缆保护管与热管道之间用沙或软土垫好。当交叉净距不能满足要求时，应将电缆穿入管中，其净距可减为 0.25 m。

电缆与热管道（沟）及热力设备平行、交叉时，应采取隔热措施，使电缆周围土壤的温升不超过 10 ℃。应在热管沟与电缆保护管之间采用厚度不小于 150 mm 的石棉水泥板、加气混凝土板或玻璃纤维板做隔热垫板，与电缆保护管间也用砂土做垫层，电缆与热管沟最小间距不得小于 500 mm。

当电缆与铁路平行敷设时，距铁路路轨最小距离为 3 m，距排水沟为 1 m。电缆与公路或城市街道路面平行敷设时，最小净距为 1 m。

电缆与铁路、公路、城市街道、厂区道路交叉时，应敷设于坚固的保护管或隧道内。电缆管的两端宜伸出道路路基两边各 2 m，伸出排水沟 0.5 m；在城市街道应伸出车道路面。电缆保护管与其他管道（水、石油、煤气管）以及直埋电缆交叉时，两端各伸出长度不应小于 1 m。

直流电缆与电气化铁路路轨平行敷设时，最小净距为 3 m；交叉敷设时净距为 1 m。当平行、交叉净距不能满足要求时，应采取防电化腐蚀措施。

电缆与建筑物平行敷设时，电缆应埋设在散水坡以外。电缆引入建筑物时，所穿保护管应超出建筑物散水坡 100 mm。

埋地敷设的电缆长度，应比电缆沟长 1.5%～2%，并做波状敷设。沿坡度或垂直敷设油浸纸绝缘电缆时，敷设水平最高点与最低点之间的最大差位不应超过表 3-3 的规定。当不能满足要求时，应采用适应于高位差的电缆。

电缆敷设的弯曲半径与电缆外径的比值应符合表 3-2 的规定。

直埋电缆的上、下部应铺以不小于 100 mm 厚的软土或细沙层，并加盖保护板，其覆盖宽度应超过电缆两侧各 50 mm。保护板可采用混凝土盖板或砖块，软土或沙子中不应有石块或其他硬质杂物。

（四）电缆接头

多根电缆并列敷设时，中间接头的位置应相互错开，并保持水平，一般净距不宜小于 0.5 m。直埋电缆接头盒外面应有防止机械损伤的保护盒（环氧树脂接头盒除外）。位于冻土层内的保护盒，盒内宜注以沥青。接头盒下面必须垫混凝土基础板，其长度应伸出接头保护盒两侧 0.6~0.7 m。电缆在终端头与接头附近留有备用长度，其两端长度不宜小于 1~1.5 m。

电缆放好后，上面应盖一层 100 mm 厚的细沙或软土，并应及时加盖保护板，以防外力损伤电缆。保护板的宽度应超过电缆两侧各 50 mm。

（五）电缆标志

直埋电缆在直线段每隔 50~100 m 处、电缆接头处、转弯处、进入建筑物等处，应设置明显的方位标志和标桩。标志牌上应注明路线编号。当无编号时，应写明电缆型号、规格及起止地点，并联使用的电缆应有顺序号。标志牌的字迹应清晰且不易脱落。标志牌的规格宜统一，标志牌能防腐，挂装应牢固。直线段上要埋设方向桩，桩露出地面一般为 0.15 m。

在埋电缆回填土前，应经隐蔽工程验收合格。回填土应分层夯实，覆土要高出地面 150~200 mm。

三、电缆在保护管内敷设

当电缆与铁路、公路、道路等交叉时，应敷设在保护管内，以免受到机械损伤。通常使用的电缆保护管有：钢管、铸铁管、混凝土管、陶土管、石棉水泥管用作排管，有些供电部门也采用硬质聚氯乙烯管作为短距离排管。

（一）电缆保护管一般要求

在下列地点需要敷设具有一定机械强度的保护管来保护电缆：

①电缆进入建筑物及墙壁处；保护管伸入建筑物散水坡的长度不应小于 250 mm，保护罩根部不应高于地面。

②从电缆沟引至电杆和设备，距地面高度 2 m 及以下的一段，应设钢保护管保护，保护管埋入非混凝土地面的深度不应小于 100 mm。

③电缆与地下管道接近和交叉时的距离不能满足相关规定时。

④当电缆与道路、铁路交叉时。

⑤其他可能受到机械损伤的地方。

电缆保护管不应有孔洞、裂缝和显著的凸凹不平，内壁应光滑无毛刺；金属电线管应采用热镀锌管或铸铁。硬质塑料管不得用在温度过高或过低的场所。在易受机械损伤的地方和受力较大处埋设时，应采用足够强度的管材。

电缆管的内径与电缆外径之比不得小于 1.5：1。混凝土管、陶土管、石棉水泥管除了满足此要求外，其内径不宜小于 100 mm。当电缆与城镇街道、公路或铁路交叉时，保护管的内径不得小于 100 mm。

电缆保护管应尽量减少弯曲，对于较大截面面积的电缆不允许有弯头。在垂直敷设时，管子的弯曲角度应大于 90°。每根电缆保护管的弯曲处不应超过 3 个，一根保护管的直角弯不得多于 2 个（但有中间接头盒，并便于安装、检修者除外），当实际施工中不能满足弯曲要求时，可采用内径较大的管子或在适当部位设置拉线盒。保护管的弯曲处、保护管的弯曲半径符合所穿入电缆的允许弯曲半径（见表 3-2）。电缆管在弯制后，不应有裂纹和显著的凹瘪现象，其弯扁度不宜大于管子外径的 10%。

（二）保护管的敷设与连接

电缆管明敷设时应安装牢固；电缆管支持点间的距离，当设计无规定时，不宜超过 3 m。

塑料管的直线长度超过 30 m 时，宜加装伸缩节。

电缆管暗敷时，埋设深度不应小于 0.7 m；在人行道下面敷设时，不应小于 0.5 m。电缆管应有不小于 0.1% 的排水坡度。保护管埋入非混凝土地面的深度不应小于 100 mm，伸出建筑物散水坡的长度不应小于 250 mm。保护罩根部不应高出地面。

电缆与铁路、公路、城市街道、厂区道路下交叉时应敷设于坚固的保护管内，一般多使用钢保护管，埋设深度不应小于 1 m。管的长度除应满足路面的宽度外，保护管的两端还应各伸出道路路基 2 m，伸出排水沟 0.5 m，在城市街道应伸出车道路面。

电缆保护钢管连接时，应采用大一级短管套接或采用管接头螺纹连接，管连接处短套管或带螺纹的管接头长度，不应小于电缆管外径的 2.2 倍。在暗配电缆保护钢管时，在两连接管的管口处打好喇叭口再进行对焊，且两连接管对口处应在同一管轴线上。

硬质聚氯乙烯电缆保护管采用插接连接时，其插入深度宜为管内直径的 1.1~1.8 倍，在插接面上应涂以胶合剂粘牢密封。在采用套管套接时，套管长度也不应小于连接管内径的 1.5~3 倍，套管两端应以胶合剂黏接或进行封焊连接。硬质聚氯乙烯管在插接连接时，应先将两连接端部管口进行 30°倒角，清洁端口接触部分的内、外面。将连接管承口端部均匀加热，加热部分的长度为插接部分长度的 1.2~1.5 倍，待加热至柔软状态后将金属模具插入管中，待浇水冷却后将模具抽出，将两个端口管子的接触部分清洁后涂好胶合剂插入，再次略加热管口段管子，然后急骤冷却，使其牢固连接。也可采用套管连接。

如利用电缆的保护钢管做接地线时，要先焊好接地跨接线，再敷设电缆。有螺纹的管接头处，在接头两侧应用跨接线焊接，用圆钢做跨接线时，圆钢直径不宜小于 12 mm；用扁钢做跨接线时，扁钢厚度不应小于 4 mm，截面面积不应小于 100 mm^2。电缆保护钢管接头采用套管焊接时，无须再焊接接地跨接线。金属电缆管应在外表涂防腐漆或涂沥青，镀锌管锌层剥落时也应涂防腐漆，但埋入混凝土内的管子可不涂防腐漆。

（三）电缆在排管内的敷设

用来敷设电缆的排管通常使用预制好的管块拼接起来。使用时按需要的孔数选用不同的管块，以一定的形式排列，用水泥浇铸成一个整体。每个孔中都可以穿一根电力电缆，所以用这种方法敷设电缆时，根数不受限制，适用于敷设塑料护套和裸铅包电缆。

敷设方法如下：

①按设计要求挖沟，并在沟底垫以素土夯实，再铺 1：3 水泥砂浆的垫层。

②将清理好的排管管块下到沟底，排列整齐，管孔对正，接口处缠上纸条或塑料胶粘布，再用 1：3 的水泥砂浆封实。在承重地段排管外侧可用 C10 混凝土做 80 mm 厚的保护层。要求整个排管对电缆人孔井方向有一个不小于 1% 的坡度，以防管内积水。

③在排管分支、转弯处和直线地段每隔 50~100m 处挖一电缆人孔井。人孔井的形状分为直通型、直通分支型、转角型、丁字型和四通型五种。每种按尺寸大小又可分为 12、24、36、48 四类型号，设计者根据具体情况选定。

④电缆敷设时应先将电缆盘和牵引电缆的机械设备分别放在两个电缆人孔井的外边，再把机械设备上的牵引钢丝绳穿过排管，并与电缆的一端连接，即可拖拉电缆，将电缆敷设于排管之中。

为了不损伤电缆，应事先疏通好排管孔，做到管孔内无积灰杂物，管孔边缘无毛刺。还可以在排管内壁或电缆护层涂上无腐蚀性润滑油。注意拖拉电缆的力量要均匀。

敷设电缆时，每一根电力电缆应单独穿入一根管孔内，而且保证管孔内径不小于电缆外径的 1.5 倍，且不小于 100 mm。

如果敷设的是控制电缆，则同一管孔内可穿入 3 根，但裸铠装控制电缆不得与其他护层的控制电缆同穿一个管孔。

四、电缆沟或电缆隧道敷设

当电缆与地下管网交叉不多，地下水位较低，且在无高温介质和熔化金属液体流入可能的地区，当同一路径的电缆数量不足 18 根时，宜采用电缆沟敷设；多于 18 根时宜采用电缆隧道敷设。敷设在电缆沟和电缆隧道内的电缆，不应采用易燃和延燃的外护层，宜采用裸铠装电缆、裸铅（铝）包电缆或阻燃塑料护套电缆。引入线穿墙过管不宜小于 φ100 mm 钢管，供电单位维护管理时应用 φ150 mm 钢管。电缆隧道内应有照明，其电压不应超过 36 V，否则应采取安全措施。

（一）电缆沟要求

电缆沟深度不小于 0.8 m，电缆多时，可以在电缆沟内预埋金属支架，金属支架可以设在两侧，最多可设 12 层。

（二）电缆隧道

如果电缆的数量很多，可采用电缆隧道敷设。电缆隧道的净高不应低于 1.90 m，有困难时局部地段可适当降低。隧道内一般采取自然通风，当电缆隧道长度大于 7 m 时，两端应设出口（包括人孔）。当两个出口距离大于 75 m 时，应增加出口。人孔井的直径不应小于 0.7 m。

电缆敷设在电缆沟和电缆隧道中时，一般多使用角钢支架和装配式支架。支架的选择由工程设计决定。电缆支架所选用的钢材应平直，无明显扭曲。下料误差应控制在 5 mm 范围内，切口应无卷边、毛刺，支架应焊接牢靠，无显著变形。各横撑间的垂直净距与设计偏差应不大于 5 mm。

电缆支架必须进行良好的防腐处理，室外使用时应进行镀锌处理，如果无电镀条件，应涂一道磷化底漆，两道聚氯乙烯漆。若支架用于湿热、盐雾以及化学腐蚀地区时，应涂防腐漆或采用铸铁支架。

在电缆沟内支架的层架（横撑）的长度不宜大于 0.35 m；在电缆隧道内电缆支架的层架（横撑）的长度不宜大于 0.5 m。电缆沟的转角段层架的长度应比直线段支架的层架适当加长。

电缆支架的层间允许最小距离，但层间净距 35 kV 以下电缆不应小于 2 倍电缆外径加 10 mm，35 kV 及以上高压电缆不应小于 2 倍电缆外径加 50 mm。

电缆沟和电缆隧道内电缆支架的安装方式应符合设计要求，并应与土建施工密切配合，尤其是预埋件的埋设位置极为重要，它直接影响到安装的质量。安装支架宜先找好直线段两端支架的准确位置，安装固定好后拉通线，再安装中间部位的支架，最后安装转角和分岔处的支架。电缆沟或电缆隧道内，电缆支架最上层至沟顶及最下层至沟底的距离，应符合《电气装置安装工程电缆线路施工及验收规范》的规定。

电缆支架在电缆沟和电缆隧道内常用的安装方式：支架与预埋件焊接固定；支架与预

制混凝土砌块固定。当电缆沟的上部有护边角钢时，支架的上部可与护边焊接在一起，下部与沟壁上预埋的扁钢焊接固定。支架也可以用预埋螺栓安装固定。电缆支架应安装牢固，横平竖直。托架、支吊架的固定方式应按设计要求进行。各支架的同层横档应在同一水平面上，其高低偏差应不大于 5 mm。托架、支吊架沿桥架走向左右的偏差不应大于10 mm。在有坡度的电缆沟内或建筑物上安装的电缆支架，应有与电缆沟或建筑物相同的坡度。

电缆支架的接地线宜使用直径不小于 φ12 mm 镀锌圆钢，并应该在电缆敷设前与支架焊接。当电缆支架利用电缆金属外皮或电缆隧道的护边角钢和预埋的扁钢接地线作为接地线时，不需要再敷设专用的接地线。

五、电缆桥架内电缆敷设

桥架的规格型号种类繁多，但结构相仿，它是由 1.5 mm 厚的轻型钢板制成的长度不同的倒 π 形槽，上有盖，并配以托盘、梯架、隔板、二通（三通、四通）弯头、立柱等辅件，全部冲压成形并镀锌或喷塑处理。零件标准化、通用化，架空安装、维修方便，多用于工业厂房和高层建筑中。

（一）安装前的准备工作

电缆桥架安装前应做以下准备：

1. 线路复测

电缆桥架的型号和规格在施工图中已经确定，但敷设线路在施工图中只是示意性的，对于线路的准确长度、三通、四通等一般不做表示。这就需要经过复测，确定各部分的准确长度、配件数量、支（吊）架的制作尺寸等，只有经过复测才能提出备料计划。

2. 桥架宽度

设计选择电缆桥架时，应留有一定备用空位，以便今后增添电缆。一般按全部电缆横截面面积总和的实际值乘以 1.2~1.7 计算电缆的配置裕量。安装或订货时不可随意降低桥架宽度。

3. 桥架盖板

需要防止电气干扰的电缆回路，或有防护外部影响（如油、腐蚀性液体、易燃粉尘等场所）要求时，宜采用有盖无孔型托盘桥架。在公共通道或户外跨越道路段，梯架的层宜加垫板或采用托盘桥架。盖板的固定方法有两种：一种是采用挂钩（由生产厂家焊接在桥架上）；另一种是在桥架和盖板上打 φ4 mm 眼，用自攻螺钉固定。

4. 支架、吊架及其他附件

支架和吊架是电缆桥架的主要支持件，常常需要现场加工，加工件应做防腐处理。桥架的连接件有外连接片和内连接片两种，采用桥架专用方颈螺栓加以固定，螺栓的螺母应向外，以免刮伤电缆。

（二）桥架的安装

桥架的安装应符合下列要求：

①桥架安装应因地制宜选择支（吊）架，桥架可以水平、垂直敷设，可转角，可进行T形或十字分支。桥架上升和下降敷设时一般以45°坡度进行变化。在某一段内桥架的支（吊）架应一致。

②桥架安装应有利于穿放电缆。桥架安装好后应进行调直，桥架应用压片固定在支架上。

③支持桥架的支（吊）架长度应与桥架宽度一致，不应有长短不一现象。

④电缆桥架严禁采用电、气焊接。接地螺栓应由制造厂家在未喷涂前焊在每节端部外缘。施工时，应用砂纸磨去螺栓表面油漆，再进行接地跨接。

⑤电缆上、下桥架应通过引下装置，在安装引下装置的部位两侧1 m处增设加强支（吊）架；距三通、四通、弯头处两端1 m处也应设置支（吊）架。

⑥桥架经过建筑物的伸缩缝时，应断开100~150 mm间距，间距两端应进行接地跨接。

⑦电缆进出桥架应通过引下装置，引下装置的作用是保护电缆，增加电缆的弯曲半径。引下装置中的钢管两端口应装设橡皮护线圈。电缆引下装置卡固在桥架上，在设有引下装置处，应增设加强支（吊）架。

⑧桥架接地应按设计要求施工，接地施工应在敷设电缆前进行。桥架上的所有连接，接地螺栓、螺母应向外，以免敷设电缆时刮坏电缆。桥架上各处接地点，均应有可靠的电气连接。

（三）桥架电缆敷设

敷设桥架电缆时，可在桥架上绑上电缆放线滑轮。在桥架水平段每4~6 m绑扎一个，垂直段4~5 m绑扎一个，在拐弯处必须绑扎一个，根据拐弯的方向，可将拐弯处的绑成垂直的或倾斜45°。

滑轮绑好后，先将一根麻绳通过滑轮敷设在桥架上，一头由人牵引，一头绑扎电缆，要把特制的牵引用拉杆或称牵引头插在电缆线芯中间，用铜线绑扎后，再用焊料把拉杆、导体和铅（铝）包皮三者焊接在一起。然后将牵引头拉上桥架。但应注意牵引强度：铜线芯不宜大于 7 kg/cm²，铝线芯不宜大于 4 kg/cm²。

电缆敷设的起点，应根据电缆桥架敷设线路、电缆盘运输条件、支盘场地条件等决定。一般选在电站房、拐角处、三通和四通连接处。较大截面电缆每次可以敷设一根，较细电缆一次可敷设 2~4 根。

敷设电缆时，拉力要均匀，桥架上应有人调整滑轮，以防电缆滑出滑轮，扭结在一起。当电缆较长时，可以选择中间为起点，向两头敷设。电缆桥架水平安装两排时，安放电缆应先里后外；垂直安装几排时，应先下后上。

电缆敷设在桥架上，应立即开始整理，使电缆松弛地、沿直线方向摆放在桥架上，在建筑物的伸缩缝处应摆成"S"形。电缆摆放时，转弯处应松紧一致。每 3~5m 用塑料绑扎线绑扎一次。桥架上的电缆应平行整洁。

沿桥架敷设的电缆在其两端、拐弯处、交叉处应挂标志牌。标志牌上应注明电缆编号、规格、型号、电压等级以及起始位置。标志牌规格应一致，并有防腐功能，挂装应牢固。

六、预分支电缆在竖井内敷设

在高层和多层建筑中，往往设有竖井，以便各种管线由底层敷设至各层。预分支电缆通常采用交联聚乙烯绝缘聚乙烯（聚氯乙烯）护套钢丝铠装电缆制作，是高落差竖井中常用的配线电缆。

预分支电缆安装附件主要有挂钩、金属网套、电缆支架和马鞍线夹。挂钩直接固定在建筑物上，用于与电缆吊头挂接；金属网套用于连接电缆头和牵引挂装电缆；电缆支架和马鞍线夹用于紧固电缆。吊装电缆之前，应先处理好电缆顶端。将电缆顶端用专用 PVC 材料制成的封头帽做防水处理，再用热缩管加强，然后将金属网套固定在电缆顶端。

施工前应先检查电缆通道，确认预分支电缆能顺利通过孔洞。将电缆盘放置在线架上，通常将电缆放线架放在楼下，安装时将电缆提拉上去。提升时，将安装金属网套的电缆顶端通过回转接头与卷扬机钢丝绳连接。检查吊装电缆的各个环节是否准备好，检查无误后，启动卷扬机将电缆提升上去。提升过程中，不要对分支线施加张力，使用的提升绳缆应至少可承受 4 倍以上的电缆质量。提升用的电缆网套到达顶部时，将网套挂在预埋的吊钩上。然后对中间部位进行固定，固定间距 1.5~2 m。单芯电缆用马鞍线夹固定，然后连接支线电缆端头。

安装完成后将电缆洞口用防火堵料进行封堵。在电缆的首末端、分支处挂上电缆标志牌。

第三节 电力电缆的连接

电缆的敷设是分段进行的，要组成一个完整的电力系统就必须把它们连接起来，这就需要电缆接头。电缆线路两末端的接头叫终端头，中间连接接头叫中间接头，其作用是连通线路、密封电缆，并应保证连接处的绝缘等级和机械强度。

对电缆头和电缆头施工的一般要求：

第一，电缆头要保持密封，尤其是油浸纸绝缘电缆，密封不好会导致漏油，降低绝缘等级。

第二，电缆头的绝缘强度必须不低于电缆本身的绝缘强度，且要有足够的机械强度。

第三，电缆芯线接头接触良好，接触电阻必须低于同长度导体电阻的1.2倍。

第四，电缆头要结构简单、紧凑、轻巧，但相互间也要保持一定距离。

第五，制作电缆头的材料、工具、附件等均应在施工前准备齐全。电缆头制作必须严格按操作工艺，正确、熟练地操作。制作电缆头从剥切开始到完毕，必须连续进行，时间越短越好，以防止吸潮。同时制作过程严防汗水滴入绝缘材料内。在操作过程中，不允许损伤电缆的铅（铝）套及绝缘层。电缆终端头的出线应保持固定位置，并保证必要的电气间隙和合适的弯曲半径。

第六，施工现场的环境温度与电缆本体温度要符合表3-6的要求，否则需要加温。

第七，施工现场要清洁、干燥、明亮，要选择晴朗天气施工。

第八，制作完毕后经验收合格方可与系统、设备连接，连接时要核对相位，确认无误后方可连接。

一、电力电缆终端头的制作

电缆终端头可分为室内和室外两种。按工艺又可分为干包式、漏斗式、环氧树脂式、铸铁密封式和热缩型电缆头。下面介绍几种电缆头的制作工艺。

（一）干包式电缆终端头

干包式电缆终端头是一种传统做法，不用绝缘助剂，只用聚氯乙烯手套以及塑料管、带包扎而成，体积小、质量小、成本低、工艺简单，常用于3 kV及以下室内电缆终端。

制作的工艺流程如下：

1. 准备

准备材料、工具，核对电缆型号、规格，检查电缆是否受潮，测量绝缘电阻，检查相序。

2. 剥切外护层

根据终端头的安装位置，确定电缆外护层和铅（铝）包的剥切长度。按照此长度，先在锯钢带处做上记号，把由此向下的一段 100 mm 的钢带，用汽油把沥青混合物擦干净，再用锉锉光滑，表面搪锡。放好接地裸铜线，再装上电缆钢带卡子。然后在卡子的外边缘沿电缆一圈用锯子锯一道浅痕，注意不可将钢带锯穿，否则会伤及铅（铝）包。用钳子逆着钢带绕向把它撕下，用同样方法剥掉第二层钢带，用锉刀锉掉切口处的毛刺。

3. 清洁铅（铝）包

先用喷灯稍稍给电缆加热，使沥青熔化，逐层将沥青纸撕下，再用抹布蘸着汽油或煤油将铅（铝）包擦拭干净。

4. 焊接地线

地线应采用截面面积不小于 10 mm^2 的多股裸铜线，长度需要依实际确定。焊点选在两道卡子之间，上下层钢带都必须与地线焊牢。焊接时，先把地线分股排列在铅（铝）包上，用直径 1.4 mm 铜线绕三圈扎紧，割掉余线，留下部分向下弯曲并敲平，使地线紧贴扎线，再进行施焊。

5. 剥切电缆铅（铝）包

按剥切尺寸，先确定喇叭口位置，用电工刀沿铅（铝）包圆周切一圈深痕，再沿电缆轴向在铅（铝）包上割切两道深痕，深度约为铅（铝）包厚度的一半。然后从电缆端头把已切成两块的铅（铝）皮撬起剥掉，用专用工具把铅（铝）包做成粗略的喇叭口状。

6. 剥切统包绝缘和分线芯

将电缆铅（铝）喇叭口向末端 25 mm 这部分统包绝缘用塑料带顺包绕方向包绕几层做临时保护，然后撕掉保护带以上至电缆末端的统包绝缘纸，将线芯分开，割去线芯之间的填充物。

7. 包缠内包层

从线芯的分叉根部开始，用塑料带在线芯上顺着绝缘纸包缠方向包 1~3 层，层数以能使要套的塑料软管紧紧套上为宜。包缠时每次后一层要压前一层半圈并拉紧，一直包至线芯端部。在线芯三叉口处填上环氧聚酰胺腻子，并压入一个"风车"（"风车"用塑料带自做）。在内包层快完时，再压入第二个"风车"，并向下勒紧，使"风车"带均衡分开，摆放平整，再把内包层全部包完。包好的内包层应呈橄榄形，最大直径在喇叭口处，应是铅包外径加 10 mm 左右。

8. 套手套

选用与线芯截面相适应的软手套，用变压器油润滑后套上线芯，使其紧贴内包层，三叉口处必须贴紧，以使"风车"不会松动。

套好手套后，用塑料带临时包扎软手套根部，然后用塑料带和塑料胶粘带包缠手套指部 2 层，一直包到手套指部根部，胶黏带包在最外层，形成一个近似锥体。

9. 套塑料软管，绑扎尼龙绳

手套指部包好后，即可在线芯上套上软管。软管长度约为线芯长度加上 90 mm。

将套入端剪成 45°斜口，用 80 ℃左右的变压器油注入管内预热，而后迅速套至手套根部，在软手套手指与软管重合部分用直径 1.5 mm 的尼龙绳紧绑至少 30 mm 长，其中越过搭接处 5 mm。之后拆掉手指根部的临时包缠，排尽手套内的空气，再在手套端部缠一层塑料带，在其上绑扎 20~30 mm 的尼龙绳，且保证尼龙绳有 10 mm 压在手套与铅（铝）包的接触部位上，其他部分压在内包层的斜面上。

10. 安装接线端子

把线芯端部绝缘切掉，长度为端子孔深加 5 mm，然后安装端子。铝芯电缆一般采用压接，铜芯电缆可压可焊。然后用塑料带填实裸线芯部分，翻上塑料软管盖住端子压坑，用尼龙绳紧绑软管与端子重叠部分。

11. 包绕外包层

从线芯三叉口起，在塑料软管外面用黄蜡带以半叠包方式包两层。在线芯三叉口处的软手套外压入 2~3 个"风车"，且应填实勒紧。用塑料带和黄蜡带包绕成橄榄状，外包层最大直径为铅（铝）包直径加上 25 mm。

12. 试验

对电缆头进行直流耐压试验和泄漏电流测定，合格后即可按相位与设备或系统连接固定。

（二）　室内环氧树脂电缆终端头

环氧树脂电缆接头和终端头适用于电缆沟或电缆隧道内 10 kV 及以下电压等级的油浸纸绝缘电缆的连接和终端。

环氧树脂电缆头所需要的主要材料有：环氧树脂浇注剂、预制外壳、耐油橡胶管（塑料管）、黄蜡带、塑料绝缘包带。

目前，环氧树脂电缆头多采用冷浇注剂。它是由环氧树脂、稀释剂、增韧剂和填料混合而成的胶液。预制外壳有聚丙烯外壳和环氧树脂外壳两种。

环氧树脂电缆头制作工艺如下：

1. 准备

准备材料工具，核对电缆型号规格、测量绝缘电阻、核对相序、确定剥切尺寸。

2. 按设备接线位置量取所需长度，割去多余电缆，做钢带卡子，剥除钢带，清洗铅（铝）包。方法同前所述。

3. 剥切铅（铝）包、胀喇叭口

先确定喇叭口位置为从第一道卡子向上约 100 mm 处，然后将此处向下 35 mm 的一段铅（铝）包用锯条拉毛，随即用塑料带临时包缠。

用蘸汽油的抹布擦干净预制外壳的内壁，然后套到电缆钢带上，用棉纱塞满。按前述方法剥去电缆铅（铝）包，并胀出喇叭口。

4. 剥统包绝缘纸、分线芯

在喇叭口以上 25 mm 一段统包绝缘纸上用白纱带临时包缠三层，然后将屏蔽纸和统包绝缘纸自上而下撕去，割掉线芯间的填充物，用蘸汽油或酒精的布擦拭线芯表面。

5. 套耐油橡胶管（塑料管）

用塑料带由统包绝缘向上 50 mm 处开始自上而下以半叠包方式在线芯绝缘处包绕 1~2 层，直到橡胶管插入时松紧合适为止。按表 3-8 选择与线芯截面相匹配的耐油橡胶管，量取适当长度，并在管内灌入变压器油浸润，然后套上线芯。管的下端应套至距统包绝缘口 20 mm 左右，管上端应留出一定长度，以用于后来外盖坑。

表 3-8　耐油橡胶管和聚氯乙烯软管与电缆匹配长度

线芯截面面积/mm²	16	25	35	50	70	95	120	150	185	240
耐油橡胶管内径/mm	11	11	13	15	17	19	21	23	25	27
聚氯乙烯软管内径/mm		13	15	16		18	20	22	24	

6. 剥切线芯绝缘、安装接线端子

将预制外壳的壳盖及出线套套入线芯。按端子孔深加 5 mm 定为线芯端部绝缘的剥切长度，将绝缘剥掉，用前述方法压接或焊接。将端子接管外表面拉毛，用蘸有环氧树脂涂料的无碱玻璃丝带的碎料填满，把线芯裸露处用塑料带缠绕填实，最后将耐油橡胶管翻上盖住压坑，割掉多余部分。

7. 涂包绝缘层

按设计要求的涂包绝缘。将统包绝缘纸上的铅包拉毛部分的临时塑料带拆掉，把统包绝缘外的屏蔽纸撕到喇叭口以下，用酒精擦干净统包绝缘和耐油橡胶管，用无碱玻璃丝带从三岔口线芯根部起，顺线芯绝缘由上而下以半叠包方式涂包 4 层，一直涂到距壳体出口 30 mm 处。再以同样方式在统包绝缘上涂包两层，用 1~2 个蘸有环氧树脂涂料的"风车"压紧三岔口，并将其带子在统包绝缘上来回勒压 2~3 遍。再用无碱玻璃丝带将统包绝缘处及喇叭口处用环氧树脂涂包，一直包到喇叭口以下约 20 mm 的铅（铝）包处，喇叭口以下涂包 4 层。

在接线端子管形部分耐油胶管接合处刷一层环氧树脂涂料，随后用无碱玻璃丝带按以上方法涂包 3~4 层。

8. 固定壳体、浇注环氧树脂浇注料

取出放在外壳中的棉纱，然后将壳体上移，使喇叭口高出壳体颈部 5 mm，将其固定，调整三线芯，使其在壳体中对称分布。用电吹风烘干涂包层使其固化，之后即可浇注环氧树脂浇注料。先从壳体上口中间慢慢浇入，至与上口平齐后，装上壳盖，再从壳盖的任一出线口补浇，直到与出线口平齐。

9. 包绕加固层

壳体内的浇注料固化后，在引出线部分从壳盖上的出线口开始，在涂包层和耐油橡胶管外壁包绕黑玻璃丝漆带 2 层，在整个线芯上包绕透明塑料带 1~2 层，然后套上出线套。包绕端部加固层，并在接线端子下部按相位包绕红、黄、绿塑料带，最后再包绕 1~2 层透明塑料带。

10. 焊接地线

浇注料完全固化后，即可按前述方法焊上地线。

（三）10 kV 塑料电缆终端头

此类终端头适用于 10 kV 及以下的、有铜带屏蔽层的交联聚乙烯绝缘电缆。10 kV 塑料电缆终端头制作工艺流程如下：

1. 准备

10 kV 塑料电缆终端头制作的准备工作同前述。

2. 剥除电缆护套、铠装和内护层

在护套切口以上 20 mm 处的铠装上用直径 2.1 mm 经过退火的铜线做临时绑扎，在距绑线外侧 4 mm 左右的装铠上锯出一道环痕，剥去上部两层铠。铠装切口以上留出 5~

10 mm 的塑料内护层，其余部分剥掉，去掉线芯内填充物。在此过程中注意不要损坏铜屏蔽带。

3. 焊接地线

分开线芯并剥去各线芯的铜屏蔽带外层的塑料带，注意保护屏蔽带不使之松脱。在三叉口附近的分相屏蔽带外，各用 1.5 mm² 的多股软绞线绑紧，屏蔽带与软铜绞线焊接时绑 3 道。然后将其余各段的软铜线编结后引出接地线。拆掉铠上的临时绑线，将铠拉毛，用一股直径 2.1 mm 经退火的铜线编结后引出的软铜线与铠扎紧，焊接时扎 3 道，绑接时扎 5 道。

4. 套塑料手套

按表 3-9 选择与电缆截面相适应的手套规格。在相应于手套的袖筒部位的外护套以及相应于手套指部的屏蔽带外面，包绕自粘性橡胶带作填充，包绕层数以手套套入时松紧合适为宜，然后套上手套。

在手套袖筒下部及指套上部，分别用自粘性橡胶带包绕防潮堆，以密封手套。再在防潮堆外自上而下、再自下而上地以半叠包方式包绕塑料胶粘带 2 层。

表 3-9　塑料手套型号及适用电缆截面面积

型号	适用电缆截面面积/mm²			型号	电缆截面面积/mm²
	0.5 kV	6 kV	10 kV		0.5 kV
ST-31	≤16	—	—	ST-41	3×25+1×16 ~ 3×35+1×16
ST-32	25	10			
ST-33	35~50	16		ST-42	3×50+1×25 ~ 3×95+1×35
ST-34	70~95	25~35			
ST-35	120~150	50~95	16~35		
ST-36	185~240	120~185	50~70	ST-43	3×120+1×50 ~ 3×185+1×50
ST-37	—	240	95~150		
ST-38		—	185~240		

5. 剥切屏蔽带、剥半导体布带

将距手套指部上端约 70 mm 处的铜屏蔽带用 1.5 mm² 的铜绞线扎紧，并将扎线以上的屏蔽带切掉，把切断处的尖锐部分向外翻折。将切去屏蔽部分的半导体布带剥下，但不折断，绕在手套指部。

6. 制作应力堆

用汽油擦洗干净线芯表面，从各线芯铜屏蔽带上端 10 mm 处的线芯绝缘层起，用自粘胶带包成橄榄形。将剥下的半导体布带紧绕到橄榄形的中心圆周处，切掉多余部分。从距各线芯屏蔽带切口下方 15 mm 处起，用直径 2 mm 的熔丝紧密绕至橄榄形的中心圆周处，在已制好的橄榄型应力堆及熔丝外包自粘胶带，最后用塑料胶带以半叠方式自上而下、再自下而上地在应力堆外绕包 2 层。

7. 装塑料雨罩（仅户外终端头用）

留下线芯接线长度，割掉多余部分。然后在线芯末端的绝缘上，用塑料胶粘带包缠一突起的雨罩座，并套上雨罩。

8. 安装接线端子

按规定长度剥去线芯绝缘，选好接线端子压接或焊接。之后用自粘胶带在端子接管至雨罩上端的一段内，包成防潮堆体，在防潮堆外，以半叠方式包缠塑料胶粘带 2 层。

9. 包线芯绝缘保护层

用塑料胶粘带由接线端子的接管下端或雨罩下端起，先自上而下，再自下而上，以半叠方式包 2 层，最后在应力堆上端的绝缘保护层外，按 A、B、C 三相分别包缠一层黄、绿、红塑料带。

完成耐压试验，合格后即完成该电缆头的制作。

（四）10 kV 油浸纸绝缘电力电缆热缩型电缆头

这是一种新型电缆终端头，加工工艺简单，易于施工，适用于 10 kV 及以下敷设于电缆沟或电缆隧道的塑料电缆的连接和终端。所用的附件有：绝缘隔油管、直套管、三叉手套、密封套和防雨罩等。施工工序如下：

第一，准备工作同前。

第二，确定剥切长度，锯开电缆铠甲，清除铅包，并将铠装切口向上 130 mm 处以上部分的铅包剥除，焊接地线。

第三，将铅（铝）包切口以上 25 mm 部分的统包绝缘纸保留，其余剥除，并将线芯分开。

第四，用汽油擦净线芯表面，在铅（铝）包切口以上 40~50 mm 处到距线芯末 60 mm 处套上隔油管，用喷灯或气枪加热使之收缩紧贴在线芯绝缘上，加热温度为 110~130 ℃ 为宜。

第五，套上应力管，下端距铅（铝）包切口 80 mm，并自下而上地均匀加热，使其收缩紧贴隔油管。

第六，在铅（铝）包切口和应力管间，包绕耐油填充胶，包成苹果型，中部最大直径约为统包绝缘外径加 15 mm，填充胶与铅（铝）包口应重叠 5 mm，以确保隔油密封。三叉线芯间也应填充适量的填充胶。

第七，再次清洗铅（铝）包密封段，预热铅（铝）包，套上三叉分支手套，分支手套与铅（铝）包重叠 70 mm。先从铅（铝）包口开始加热收缩，往下均匀加热收缩铅（铝）包密封段，随后再往上加热收缩直至分支手套。

第八，按前述长度剥切线芯端部绝缘，压接接线端子。用填充剂填堵端子根部裸露的线间缝隙和压坑，并与上下均匀重叠 5 mm。

第九，套绝缘套管，下端要插至手套的三叉口，从下往上热收缩后，使其上部与端子重叠 5 mm，割掉多余部分。若是室内终端头，至此即制作完成。

第十，加装防雨罩。如果是户外终端头，须加装防雨罩。安装时先套入三孔防雨罩，自由就位后加热收缩，然后每相再套两个单孔防雨罩，热缩完毕后，再安装顶部密封套，热缩并装上相序标志，制作完成。

二、电力电缆中间接头的制作

电力电缆中间接头的形式有铅套管式、环氧树脂浇注式、塑料盒式以及近年较常用的热缩型等。

（一）铅套管式电缆中间头

电缆中间头一般应设置在钢筋混凝土保护盒内，在混凝土保护盒内上下均用细土填实，垫上沥青麻填料，将钢带与铝包用铅焊接在一起。电源侧电缆铅封后，挂上接头铭牌，在统包绝缘外包上油浸黑蜡布。铅管外涂三层热沥青，缠两层高丽纸，用六层油浸白纱布带将三芯扎牢。

（二）环氧树脂电缆中间头

环氧树脂电缆中间头是用铁皮模具在现场浇注的，等浇注料固化后将模具拆掉即可。

环氧树脂电缆中间头制作工艺如下：

1. 准备

准备材料工具，核对电缆，测量绝缘电阻，确定剥切长度，锯割电缆铠甲并清洁铅（铝）包。

2. 剥切铅（铝）包

铅（铝）包剥切然后将喇叭口以下 60 mm 的一段铅（铝）包用汽油擦净并拉毛，然后用塑料带临时包缠，将喇叭口以上部位的铅（铝）包剥除干净。

3. 胀喇叭口

用专门工具胀出喇叭口，将喇叭口以上 25 mm 一段的统包绝缘用塑料袋包缠，把其余统包绝缘层撕掉。分开线芯，并清洗干净。

4. 校正线芯、剥切线芯绝缘

先在三根线芯上用塑料带临时包上，以防损坏，随后在线芯三叉口处塞入三角木模，再轻轻弯曲线芯，并校正。按钳压接管长度的 1/2 加 5 mm 剥去线芯端部的绝缘层。

5. 压接

按前述方法压接，之后把接管表面拉毛，将临时包带拆掉，同时拆掉三角木模。

6. 涂包绝缘

对每根线芯涂包绝缘，做法同制作终端头。

7. 安装模具、浇注环氧树脂浇注料

将模具内壁涂上一薄层电缆油，并在接头两端喇叭口外侧 40 mm 的一段铅（铝）包上用塑料带重叠包绕至其厚度与模具两端口径相同，将模具固定在上面。

固定好模具后，即可浇注环氧树脂浇注料。可从模具浇注口的两端同时注入，一直浇到与浇注口平齐为止。等完全固化后，方可拆模。

8. 焊接地线

将接头两端的铅（铝）包及钢带用多股软铜线焊好地线，焊接方法同终端头。

（三）10 kV 交联聚乙烯电缆热缩型中间头

热缩型中间接头制作的主要附件有：内热缩管、外热缩管、相热缩管、铜屏蔽网、未硫化乙丙橡胶带、热熔胶带、半导体带、聚乙烯带、接地线等。其制作工艺流程如下：

1. 准备

准备工作同前。

2. 剥切电缆外护套

先将内热缩管套入一侧电缆上，将需要连接的两电缆端头 500 mm 一段外护套剥掉。

3. 剥除钢带

从外护套切口处向电缆端部量取 50 mm，装上钢带卡子，然后在卡子外沿电缆一周的钢带上锯出环形深痕，将钢带剥除。

4. 剖切内护套

在距钢带切口 50 mm 处剖切内护套。

5. 剥除铜屏蔽网

从内护套切口向电缆端头量取 100~150 mm，将该段铜网用细线绑扎，其余部分剥除。

6. 清洗线芯绝缘层、套相热缩管

用酒精清洗三相线芯交联聚乙烯绝缘层表面后，分相套入铜屏蔽网和相热缩管。

7. 剥除绝缘层、压连接管

剥除线芯端头的绝缘层，剥除长度为连接管长的 1/2 加上 5 mm，然后用酒精清洁线芯表面，将两根要连接的线芯分别从连接管的两端插入，用压钳压好，每相接头至少 4 个压点。

8. 包绕橡胶带

在压接管及其两端裸线芯处包缠未硫化的乙丙橡胶带 2 层，注意包缠必须严密。

9. 浇入相热缩管

先在接头两边的交联聚乙烯绝缘层上适当地包缠热熔胶带，将事先套入的相热缩管移至接头的中心位置，用喷灯沿电缆轴向加热，使热缩管均匀收缩，包紧接头。加热收缩时不应产生褶皱和裂纹。

10. 焊接铜屏蔽带

先用半导体带将两侧的半导体屏蔽布缠绕连接，再展开铜屏蔽网与两侧的铜屏蔽带焊接，每端焊点不可少于 3 个。

11. 加热内热缩管

并拢三根线芯，用塑料带将线芯及填充料包绕在一起，在电缆内护套的适当位置缠绕热熔胶带，然后将内热缩管移至中心位置，用喷灯加热使之均匀收缩。

12. 焊接地线

在接头两侧电缆钢带卡子处焊接 25 mm² 的软铜线做地线。

13. 加热外热缩管

先在电缆外护套适当位置缠上热熔胶带，然后将外热缩管移至中心位置，用喷灯加热使之均匀收缩，环氧树脂中间头就制作完成了。

三、控制电缆的敷设与连接

控制电缆的敷设方式与电力电缆相同。控制电缆的终端头和中间接头的制作方法与电力电缆基本相同，但工艺要简单一些。控制电缆的中间接头应尽量避免，如果非接不可，可采用铅套管式或环氧树脂浇注中间接头。

做铅套管式中间接头时，铅套管的选择是根据电缆线芯的数量来决定的。其接头方法是：线芯截面面积为 2.5 mm² 及以下的，用铰接并搪锡的方法；若线芯截面面积在 4 mm² 及以上可采用连接管压接或锡焊。连接时，为使接头盒小一些，应使各接头位置错开。在连接前先套一节 20 mm 长直径适宜的黄蜡管或聚氯乙烯管，当焊好冷却后，再将管推到接头处，接头冷却后涂少许中性凡士林油，即可把管推上。

接线前应先将铅封管或塑料管套在电缆上，等线全部接好后，用聚氯乙烯带将所有线芯包缠在一起，用 500 V 绝缘电阻表在电缆头端测量绝缘电阻，应大于 100 MΩ。检查无误后即可封口。先将包缠带去掉，将封管移至接头部位。铅护套电缆应用喷灯、焊料、硬脂酸封口，塑料护套电缆可用自粘性耐油橡胶带包缠 5 层，外层再包一层聚乙烯带，包缠要紧密整齐。

控制电缆的终端头可采用塑料带包缠或塑料套封端。其制作步骤如下：

首先，按实际长度量出剥切长度，打好接地卡子，剥去钢带和铅包。

接着将填充物质去掉，分开线芯，套上塑料软管（塑料绝缘电缆不套此管），用绑线在两边口上将软管用芯线扎紧，再用塑料带包缠喇叭口上下，边包边涂聚乙烯胶，包成倒圆锥形，然后将电缆终端套紧紧套在塑料带这一层上。

最后将终端套上口与线芯接合处用塑料带包 4~5 层，边包边刷聚乙烯胶。

第四章　室内配线工程

第一节　室内配线工程概述

敷设在建筑物内部的配线，统称为室内配线工程或室内配线。按线路敷设方式，可以分为明敷和暗敷两种。明敷和暗敷是以线路敷设后能否用肉眼观察到来区分的。

所谓明敷指导线直接敷设或敷设在管子、线槽等保护体内，安装于墙壁、顶棚、桁架及梁柱等处，可以分为瓷夹、瓷瓶配线、槽板配线、钢索配线等。明敷安装简便，容易检修。暗敷是将导线敷设在墙内、地板内或建筑物顶棚内，通常事先预埋管子，再向管内穿线，按不同保护管材料可分为钢管配线、塑料管配线等。各种室内配线方式适用范围见表4-1。

表 4-1　各种室内配线方式适用范围

配线方式	适用范围
瓷（塑料）夹板配线	适用于负荷较小的正常环境的室内场所和房屋挑檐下的室外场所
瓷柱（鼓形绝缘子）配线	适用于负荷较大的干燥或潮湿环境的场所
针式、蝶式绝缘子配线	适用于负荷较大、线路较长而且受机械拉力较大的干燥或潮湿场所
木（塑料）槽板配线、护套线配线	适用于负荷较小照明工程的干燥环境，要求整洁美观的场所；塑料槽板适用于防化学腐蚀和要求绝缘性能好的场所
金属管配线	适用于导线易受机械损伤、易发生火灾及易爆炸的环境，有明管和暗管配线两种
塑料管配线	适用于潮湿或有腐蚀性环境的室内场所做明管配线或暗管配线，但易受机械损伤的场所不宜采用明敷
线槽配线	适用于干燥和不易受机械损伤的环境内明敷或暗敷，但对有严重腐蚀场所不宜采用金属线槽配线；对高温、易受机械损伤的场所内不宜采用塑料线槽明敷

配线方式	适用范围
封闭式母线配线	适用于干燥、无腐蚀性气体的室内场所
钢索配线	适用于层架较高、跨度较大的大型厂房,多数应用在照明配线上,用于固定导线和灯具
裸导体配线	适用于工业企业厂房,不得用于低压配电室

一、室内配线的基本要求

室内配线应按施工图施工,并严格执行《建筑电气工程施工质量验收规范》及有关规定。施工过程中,首先应符合电器装置安装安全、可靠、经济、方便和美观的基本要求。

室内配线工程应符合以下一般规定:

①所用导线的额定电压应大于线路的工作电压,导线的绝缘应符合线路的安装方式和敷设环境条件。低压电线和电缆,线间和线对地间的绝缘电阻值必须大于 0.5 MΩ。

②配线的布置及其导线型号、规格应符合设计规定。配线工程施工中,当无设计规定时,导线最小截面应满足机械强度的要求,不同敷设方式导线允许最小截面面积见表 4-2 所列数值。

表 4-2　不同敷设方式导线芯线允许最小截面面积

用途	最小芯线截面面积/mm^2		
	铜芯	铝芯	铜芯软线
裸导线敷设在室内绝缘子上	2.5	4.0	
绝缘导线敷设于绝缘子上 (支持点间距为 L):室内 $L \leq 2$ m	1.0	2.5	—
室外 $L \leq 2$ m	1.5		
室内外 2 m$< L \leq 6$ m	2.5	4.0	
室内外 6 m$< L \leq 12$ m		6.0	
绝缘导线穿管敷设	1.0	2.5	1.0
绝缘导线槽板敷设	1.0		
绝缘导线线槽敷设	0.75	2.5	—
塑料绝缘护套线明敷	1.0		
板孔穿线敷设的导线	1.5	2.5	—

③配线工程施工中,室内、室外绝缘导线之间和对地的最小距离应符合表 4-3 的规定。

表 4-3　室内、室外绝缘导线之间和对地的最小距离

固定点间距/m	导线最小间距/mm		敷设方式		导线对地最小距离/m
	室内配线	室外配线			
1.5 及以下	35		水平敷设	室内	2.5
1.5~3.0	50	100		室外	2.7
3.0~6.0	70		垂直敷设	室内	1.8
6.0 以上	100	150		室外	2.7

④为了减少由于导线接头质量不好引起各种电气事故，导线敷设时，应尽量避免接头。若必须接头时，应尽量压接或焊接。

⑤导线在连接处或分支处，不应受机械作用。导线与设备接线端子连接要牢固。

⑥护套线明敷、线槽配线、管内配线、配电屏（箱）内配线不应有接头。必须有接头时，可把接头放在接头盒、灯头盒或开关盒内。

⑦明配线穿墙时应采用经过阻燃处理的保护管保护，过墙管两端伸出墙面不小于10 mm；穿过楼板时应采用钢管保护，其保护高度与楼板的距离不应小于1.8 m；但在装设开关的位置，可与开关高度相同。配线过建筑物基础也应穿管或采取其他保护措施。

⑧各种明配线应垂直和水平敷设，且要求横平竖直。一般导线水平高度不应小于2.5 m；垂直敷设不应低于1.8 m，否则应加管槽保护，以防机械损伤。

⑨当采用多相供电时，同一建筑物、构筑物的电线绝缘层颜色选择应一致，即保护地线（PE 线）应是黄、绿相间色；零线用淡蓝色。相线中，L1 相用黄色；L2 相用绿色；L3 相用红色。

⑩三相照明线路各相负荷宜均匀分配。在每个分配电箱中，除花灯和壁灯等线路外，一般照明每一支路的最大负荷电流、光源数、插座数应符合有关规定。

⑪为了防止火灾和触电等事故发生，在顶棚内由接线盒引向器具的绝缘导线，应采用可挠金属电线保护管或金属软管等保护，导线不应有裸露部分。

⑫电线、电缆的芯线连接金具（连接管和端子），规格应与芯线的规格适配。

⑬照明和动力线路，不同电压、不同电价的线路应分开敷设，以方便计价、维修和检查。每条线路标记应清晰，编号准确。

⑭管、槽配线，应采用绝缘电线和电缆。在同一根管、槽内的导线都应具有与最高标称电压回路绝缘相同的绝缘等级。配线用塑料管（硬质塑料管、半硬塑料管）、塑料线槽及附件，应采用氧指数为27 以上的难燃性制品。

⑮入户线在进墙的一段应采用额定电压不低于500 V 的绝缘导线；穿墙保护管的外

侧，应有防水弯头，且导线应弯成滴水弧状后引入室内。

⑯电气线路穿过建筑物、构筑物的沉降缝或伸缩缝时，当建筑物和构筑物不均匀沉降或伸缩变形时，线路会受到剪切和扭拉，故应装设补偿装置，导线应留有余量。

⑰导线沿墙或天花板敷设时，导线与建筑物间最小距离为瓷夹配线不小于 5 mm，瓷瓶配线不小于 10 mm。当导线交叉与距离较近时，应在每根导线上套塑料管并固定，以防短路。

⑱为了有良好的散热效果，管内配线其导线的总截面面积（包括外绝缘层）不应超过管子内腔总截面面积的 40%。线槽配线其导线的总截面面积（包括外绝缘层）不应超过线槽内总截面面积的 60%。

⑲电线管与热水管、蒸汽管同侧敷设时，应敷设在热水管、蒸汽管的下面。当施工有困难或维修施工时其他管道会对电线管有影响，室内电气线路与其他管道间的最小距离应符合表 4-4 的规定。如不能满足规范规定的距离要求时，则应采取以下措施：

第一，电气线管与蒸汽管线不能保持规定距离时，可在蒸汽管外包以隔热层。对有保温措施的蒸汽管，上下净距可减至 200 mm；交叉距离应考虑施工维护方便。

第二，电气线管与暖气管、热水管不能保持规定的距离时，可在管外包隔热层。

第三，裸导线与其他管道交叉不能保持规定的距离时，可在交叉处的裸导线外加装保护网或罩。

表 4-4 室内配线与管道间最小距离

管道名称		配线方式		
		穿管配线	绝缘导线明敷设	裸导线配线
		最小距离/mm		
蒸汽管道	平行	1 000/500	100/500	1 500
	交叉	300	300	
暖、热水管道	平行	300/200	300/200	
	交叉	100	100	
通风、上下水压缩空气管	平行		200	
	交叉	50	100	

注：表中分子数字为电气管线敷设在管道上方的最小距离；分母数字为电气管线敷设在管道下方最小距离。

⑳配线工程采用的管卡、支架、吊钩、拉环和盒（箱）等钢铁材料附件，均应进行镀锌和防护处理。

㉑配线工程施工后，应进行各回路的绝缘检查，绝缘电阻值应符合现行国家标准《电气装置安装工程电气设备交接试验标准》的有关规定，并应做好记录。

㉒配线工程中所有外露可导电部分的保护接地和保护接零应可靠，且应符合《电气装置安装工程接地装置施工及验收规范》的有关规定。配线工程施工后，为保证安全，其保护地线（PE线）连接应可靠。对带有漏电保护装置的线路应做模拟动作试验，并应做好记录。

㉓配线工程施工结束后，应将施工中造成的建筑物、构筑物的孔、洞、沟、槽的修补完整。

二、室内配线的施工工序

室内配线一般遵循下列施工工序：

①根据平面图、详图等，确定电器安装位置、导线敷设的路径以及导线穿墙和楼板的位置。

②在土建抹灰前，应将全部的固定点打孔，埋好支持件，配合土建做好预埋和预留工作。

③装设绝缘支持物、线夹、支架、保护管等。

④敷设导线。

⑤安装灯具、电气设备、电气元器件等。

⑥测试导线绝缘并连接之。

⑦校验，试通电。

三、室内配线常用导线及其载流量

（一）室内配线常用绝缘导线

1. 室内配线的种类

室内配线工程常用绝缘导线按绝缘材料有橡皮绝缘导线和聚氯乙烯绝缘导线之分；按线芯材料有铜线和铝线之分；按线芯结构有单股和多股之分；按线芯硬度有硬线和软线之分。常用导线的型号、名称和用途见表4-5所列。

表4-5 常用绝缘导线的型号、名称和用途

型号	名称	用途
BL（BLX） BXF（BLXF） BXR	铜（铝）芯橡皮绝缘线 铜（铝）芯氯丁橡皮绝缘线 铜芯橡皮绝缘软线	适用于交流500 V及以下，或直流1 000 V及以下的电气设备及照明装置
BV（BLV） BVV（BLVV） BVVB（BLVVB）	铜（铝）芯聚氯乙烯绝缘线 铜（铝）芯聚氯乙烯绝缘聚氯乙烯护套圆型电线 铜（铝）芯聚氯乙烯绝缘聚氯乙烯护套平型电线	适用于各种交流、直流电器装置，电工仪表、仪器，电信设备，动力及照明线路固定敷设
BVR BV-105	铜芯聚氯乙烯绝缘软电线 铜芯耐热105 ℃聚氯乙烯绝缘电线	
RV RVB RVS RV-105 RSX RX	铜芯聚氯乙烯绝缘软线 铜芯聚氯乙烯绝缘平行软线 铜芯聚氯乙烯绝缘绞型软线 铜芯耐热105 ℃聚氯乙烯绝缘软电线 铜芯橡皮绝缘棉纱纺织绞型软电线 铜芯橡皮绝缘棉纱纺织圆型软电线	适用于各种交流、直流电器，电工仪器，家用电器，小型电动工具，动力及照明装置的连接

2. 绝缘导线的允许载流量

绝缘导线的允许载流量是指导线在额定的工作条件下，允许长期通过的最大电流。不同的材质、不同的截面面积、不同的敷设方法、不同的绝缘材料、不同的环境温度和穿不同材料的保护管等因素都会影响导线的载流量。

3. 绝缘导线的选择

绝缘导线的选择分三部分的内容：其一是相线截面的选择；其二是中性线（N线、工作零线）截面的选择；其三是保护线（PE线、保护零线、保护导体）截面的选择。

相线的选择，一般按下列原则进行：按允许载流量选择导线的截面；按机械强度选择导线的最小允许截面，见表4-2；按电压损失校验导线截面；按允许的动稳定与热稳定进行导线截面的校验。

中性线截面（N线、工作零线）的选择：

①中性线（N线、工作零线）截面面积一般不应小于相线截面面积的50%。

②对于三次谐波电流相当大的三相电路（大量采用气体放电光源的三相电路），由于

各相的三次谐波电流都要流过中性线,使得中性线电流可能接近相电流。因此,中性线的截面应与相线的截面相同。

③由三相电路分出的单相电路,其中性线的截面与相线的截面相同。

第二节 明敷设线路施工技术

一、瓷夹板和绝缘子配线

(一) 瓷夹板配线

夹板和绝缘子配线是一种常用的明配线方法,也称瓷夹和瓷瓶配线。夹板配线一般用于用电量较小,且无机械作用的干燥场所,通常配线导线截面面积在 10 mm² 以下。而瓷瓶配线一般用于用电量较大的场所,可用于地下室、浴室或干燥的室外空间。

瓷夹板配线线路结构简单,布线费用小,安装维修方便。但由于瓷夹板较薄,导线距建筑物较近,机械强度小,容易损坏,布线方法欠美观,目前用得已较少,属于即将淘汰的布线方法,新建建筑物已很少采用。

瓷夹配线组成:瓷夹、瓷套管和截面面积 10 mm² 以下的导线。瓷夹有二线制和三线制两种,布线时导线夹在底板与盖板间的小沟槽内,用木螺钉固定,要求横平竖直,撑紧导线。

瓷夹间距要求:直线段截面面积 1~4 mm² 导线,瓷夹间距为 700 mm;6~10 mm² 导线,瓷夹间距为 800 mm。在距开关、插座、接线盒、灯具、转角和分支点 40~60 mm 处,也要安装瓷夹。

首先应按照要求确定瓷夹的固定点,然后用木螺钉或胀管固定瓷夹。导线穿墙或穿过楼板时,应穿管保护,并在墙的两侧固定。导线从潮湿场所通向干燥场所时,保护管应用沥青封口,以免受潮。穿墙或楼板的保护管应事先配合土建预埋。穿墙保护管可用瓷管或塑料管,导线拐弯时必须呈圆角避免产生急弯,以防损伤导线。

水平敷设线路一般应距地 2.5 m 以上,瓷夹配线应尽量沿房屋线脚、横梁、墙角等比较隐蔽处敷设。接头要在两瓷夹中间,不能将接头压在瓷夹内。

导线的敷设要求要横平竖直,不得有明显的松弛或下垂,牢固美观。在瓷夹上固定导线是从一端开始。先将调平、调直的导线压在瓷夹的槽内,然后将另一端固定。瓷夹须牢固,每槽只允许放一根导线,底板与盖板必须整齐,不得有歪扭和破裂。

（二）鼓形绝缘子布线

鼓形绝缘子又称为瓷瓶式绝缘子、瓷柱式绝缘子，属于低压布线用绝缘子的一种。它有一个固定导线用的圆周槽，由胶装在绝缘孔内的螺钉或穿过绝缘件轴向孔的螺钉安装在支持结构上。

1. 绝缘子配线施工步骤

首先确定元件设备的位置。按照安全、美观、实用的原则，根据施工图样，确定配电箱、灯具、开关、插座等用电器或控制设备的位置。

再确定布线位置。确定导线的方位，导线穿墙或楼板的位置，并用记号笔标注，用墨线弹出线路中心线。

最后按照要求确定瓷绝缘子的固定点，用自带螺钉或穿过绝缘件轴向孔的螺钉固定瓷绝缘子。

2. 导线敷设

导线的敷设要求要横平竖直，不得有明显的松弛或下垂现象，牢固美观。在瓷绝缘子上固定导线从一端开始。先将调平、调直的导线用绑线将导线捆绑在瓷绝缘子的颈部，然后将另一端固定。瓷绝缘子配线时，导线应架设在瓷绝缘子的同一侧，并要保证有足够的安全距离。在高温或有腐蚀性气体存在的场所，采用裸导线明敷设时最小间距应符合表4-6的要求。室内绝缘导线与建筑物表面最小距离不得小于 10 mm。

表 4-6　室内瓷绝缘子配线导线最小间距

固定点间距/m	导线最小间距/mm
≤2	50
2~4	100
4~6	150
>6	200

当导线分支时，需要在分支处加设瓷绝缘子。导线在同一平面内，若有转弯，瓷绝缘子应放在转角的内侧。

导线在瓷绝缘子上的绑扎方法有双绑法和单绑法，前者适用于截面面积在 10 mm^2 以上的导线，后者适用于 6 mm^2 及以下的导线。不同规格的导线公卷数和单卷数应符合表4-7 规定。

表 4-7　终端瓷绝缘子绑扎要求

导线截面面积/mm²	1.5~2.5	4~25	35~70	95~120
公卷数	8	12	16	20
单卷数	5	5	5	5

（三）针式绝缘子布线

针式绝缘子布线也称为瓷绝缘子布线，只适用于室内、外明布线。目前，这种布线方式仍用于一些工业厂房低压电力线路干线布线。

1. 布线支架的安装

针式绝缘子多安装在支架上，不同的建筑结构采用不同的安装方法。制作支架时，应先考虑好布线时绝缘导线之间以及导线对地之间和距建筑物表面的最小距离。

针式绝缘子布线支架应用 40 mm×4 mm 的角钢制作，支架及零件均应做防腐处理，且宜采用镀锌材料。若无条件镀锌时，室外支架应刷一道红丹，两道防腐漆，室内支架应刷一道红丹，一道防腐漆。

角钢支架固定点间距与线路的线芯截面面积有关：截面面积为 1~4 mm² 时，固定点间距为 2 m；截面面积为 6~10 mm² 时，固定点间距为 2.5 m；截面面积为 16~25 mm² 时，固定点间距为 3 m；截面面积为 35~120 mm² 时，固定点间距为 6 m。

当绝缘子在角钢支架上安装时，绝缘子均应配用铁担直脚，应与支架固定牢固，且绝缘子顶部线槽沟应顺着线路方向。线路首端和终端以及线路需要分支的地方，应配用蝶式绝缘子。蝶式绝缘子与穿钉配合见表 4-8。

表 4-8　蝶式绝缘子与穿钉的配合

导线截面积/mm²	绝缘子型号	穿钉规格
<16	ED-3	M12-95
16~35	ED-2	M12-108
50~95	ED-1	M16-127

2. 导线敷设

针式绝缘子布线敷设导线时，应沿线路全长放开导线，在线路首端的地面上用绑线绑扎好导线和蝶式绝缘子，然后再提升到首端支架上，用穿钉紧固好铁拉板。

线路首端蝶式绝缘子固定好后，把导线提升到各中间支架，然后收紧终端导线并与终端蝶式绝缘子绑扎。当线芯截面面积较小时，可直接用人力牵引导线收紧；线径较大时，可采用紧线器收紧。

针式绝缘子在室内外进行敷设时，绝缘导线间距离不应小于表4-9给出的数值。针式绝缘子布线导线与建筑物表面之间最小距离不宜小于50 mm。针式绝缘子明敷设在高温或有腐蚀的场所时，导线间以及导线至建筑物表面最小净距，不应小于表4-10所列数值。

在工业厂房内，用针式绝缘子布线敷设裸导线时，距离地面的高度不应低于3.5 m；装设网孔遮栏时，不应低于2.5 m，且裸导线与网眼不大于20 mm×20 mm保护遮栏之间距离不应小于100 mm；与板状保护遮栏的距离不应小于50 mm。

表4-9　针式绝缘子配线导线最小间距

固定点间距/m	导线最小间距/mm	
	室内布线	室外布线
1.5< L ≤3	75	100
3< L ≤6	100	150
6< L ≤10	150	200

表4-10　高温腐蚀场所最小间距规定

固定点间距/m	最小间距/mm
L ≤2	75
2< L ≤4	100
4< L ≤6	150
6< L ≤10	200

二、塑料护套线配线

塑料护套线配线是直接将护套线敷设于墙壁、顶棚等建筑物表面的一种配线方式。适用于比较潮湿和有腐蚀性气体的特殊场所。塑料护套线配线多用于居住及办公室等建筑室内的电气照明线路。它具有防潮、耐酸和耐腐蚀、线路造价较低和安装方便等特点。按敷设方式可分为明配和暗配（空心楼板内敷设）两种。按导线的固定方式有铝线卡和塑料钢钉电线卡两种。

（一）明配塑料护套线的施工程序

明配塑料护套线的施工程序：首先确定配线的位置，其次敷设支持物和保护管，最后敷设导线。

1. 画线定位

按照图样确定设备元件的位置后，根据设计图样的要求，按线路的走向，确定线路中心线。并标明照明器具及穿墙套管的导线分支点的位置，以及接近电气器具旁的支持点和线路转角处导线支持点的位置。塑料护套线配线应避开烟道、热源和各种管道，线路对地和其他管道间的最小距离不得小于下列规定：

与蒸汽管道平行时，不小于 1 000 mm，在管道下方时可减至 500 mm，蒸汽管道外包隔热层时，平行净距可减至 300 mm，交叉时可减至 200 mm。

与暖热水管平行时，不小于 300 mm，在管道下方时可减至 200 mm，交叉时 100 mm。

与通风上下水、压缩空气管平行时，不小于 200 mm，交叉时为 100 mm。

配线与煤气管道在同一平面上布置时，间距不应小于 500 mm；在不同平面布置时，间距不小于 20 mm。

2. 敷设支持物和保护管

敷设塑料护套线的保护管：为了保护导线不受意外损伤，护套绝缘电线与接地导体及不发热的管道紧贴交叉时，应加绝缘管保护，敷设在易受机械损伤的场所应用钢管保护。当塑料护套线穿过墙壁时，可用钢管、硬质塑料管或瓷管保护，其保护管突出墙面的长度为 3~10 mm。当塑料护套线穿过楼板时必须用钢管保护，其保护高度距地面不应低于 1.8 m，如在装设开关的地方，可保护到开关的高度。

敷设塑料护套线的支持物：护套线的支持点位置，应根据电气器具的位置及导线截面面积的大小来确定。在线路终端、转弯以及电气器具、设备或盒（箱）的边缘应用线卡固定，其固定点的距离宜为 50~100 mm。直线部位导线的线卡固定点间距应均匀分布，其距离为 150~200 mm。两根护套线敷设遇有十字交叉时，交叉口处的四方都应有固定点。

按导线的固定方式分，支持物有铝线卡和塑料钢钉电线卡两种。铝线卡固定方法根据建筑物具体情况而定。在木结构上，用普通钉子钉牢；在抹灰墙上，可用鞋钉直接钉上；在混凝土结构上，用环氧树脂黏接。在钉铝卡片时，一定要使钉帽与铝卡片齐平，否则容易划破线皮。铝卡片的型号应根据导线型号及数量合理选用。铝卡片规格有 0~4 号五种，号码越大，则长度越长。

塑料钢钉电线卡是近年来使用比较广泛的塑料护套线支持件。敷设时，将导线卡入后，用水泥钉将线卡直接钉入建筑物的混凝土结构或砖墙上，施工方法简便。每个线卡只能卡一根导线，线卡的大小规格应与导线规格相匹配。

3. 线路敷设

塑料护套线在敷设前应勒直、勒平。在夹持铝线卡的过程中应进行检查，如有偏斜，用小锤轻敲线夹，予以纠正。多根护套线成排平行或垂直敷设时，应上下或左右排列紧密，间距一致，不能有明显空隙。要求所敷设的线路应横平竖直，不应松弛、扭绞和曲折，且平直度和垂直度不应大于 5 mm。护套线在同一平面上转弯时，弯曲半径应不小于护套线宽度的 3 倍；在不同平面上转弯时，弯曲半径应不小于护套线厚度的 3 倍。护套线在弯曲时，不应损伤线芯的绝缘层和护套层。多根护套线在同一平面同时弯曲时，应先将弯曲半径最小的护套线弯好，弯曲部位应贴紧、无缝隙，一个铝线卡内不宜超过 3 根护套线。护套线在跨越建筑物伸缩缝时，导线两端固定牢靠，中间伸缩缝处应留有适当余量，以防损伤导线。

护套线分支接头和中间接头处应装接线盒，用瓷接头把需要连接的导线连接牢固。铜线接头时应在接头处搪锡，铝线接头时应焊接或压接，铝线与铜线连接时，应将铜线搪锡后与铝线压接。

（二）塑料护套线配线注意事项

第一，塑料护套线不得直接敷设在抹灰层、吊顶、护墙板、灰幔角落内。

第二，塑料护套线在分支接头和中间接头处，应装置接线盒，护套线在进入接线盒或电气器具连接时，护套层应引入盒内或器具内连接。在多尘或潮湿场所应采用密闭式盒。接头应采用焊接或压接。

第三，在环境温度低于-15 ℃时，不得敷设塑料护套线，防止塑料发脆造成断裂，影响工程质量。

第四，塑料护套线在室外明敷室，受阳光直射，容易老化而降低使用寿命，且易诱发漏电事故，故不得在室外露天场所明敷。

第五，在空心楼板内配线前，应将管内的积水、杂物清除干净；穿入导线时，不得损伤导线的护套层，并能便于更换导线；导线在板孔内不得有接头，分支接头应放在接线盒内连接。

第六，配线完成后，不得喷浆和刷油漆，以防污染护套线及电气器具。搬运物件或修补墙面，不要碰松护套线。

第七，选择护套线配线时，其导线的规格、型号必须符合设计要求，当无规定时，其最大的截面面积不宜大于 6 mm^2，而塑料护套线的最小线芯截面面积，其铜线不应小于 1.0 mm^2，铝线不应小于 2.5 mm^2，但孔板穿线敷设的铜芯导线不宜小于 1.5 mm^2。

三、槽板布线

槽板布线就是把绝缘导线敷设在槽板底板的线槽中，上部再用盖板把导线盖上的一种布线方式。槽板配线只适用于干燥环境下室内明敷设配线，分为塑料槽板和木槽板两种，其安装要求基本相同，只是前者要求环境温度不得低于−15 ℃。

（一）槽板配线步骤

槽板施工是在土建抹灰层干燥后按下述步骤进行：

1. 画线定位

与夹板配线相同，应尽量沿房屋的线脚、横梁、墙角等隐蔽的地方敷设，并与建筑物的线条平行或垂直。

2. 安装槽板

首先应正确拼接槽板。对接时应注意将底板与盖板的接口错开。槽板固定在砖和混凝土上时，固定点间距离不应大于 500 mm；固定点与起点、终点之间距离为 30 mm。

3. 导线敷设

在槽内敷设导线时应注意以下三点：

一是同一条槽板内应敷设同一回路的导线，一槽只许敷设一条导线。

二是槽内导线不应受到挤压，不得有接头；如果必须有接头时，可另装接线盒扣在槽板上。

三是导线在灯具、开关、插座一般要留 10 cm 左右预留线以便连接；在配电箱、开关板处一般预留配电箱半个周长的导线余量或按实际需要留出足够长度。

4. 固定盖板

敷设导线同时就可把盖板固定在底板上。固定盖板时用钉子直接钉在底板中线上，槽板的终端需要做封端处理，即把盖板按底板槽的斜度折覆固定。

5. 槽板配线

不能设在顶棚和墙壁内，也不能穿越顶棚和墙壁。

（二）槽板使用注意事项

不允许在有尘埃或有燃烧性、爆炸性的危险场所使用槽板配线。

两个槽板不允许叠压在一起使用。

不允许在槽板上直接安装电器，而应用木台去安装，且该木台要压住槽板头。

第三节　暗敷设线路施工技术

一、线管配线施工技术

把绝缘导线穿入保护管内敷设，称为线管配线。这种配线方式比较安全可靠，可避免腐蚀性气体的侵蚀和避免遭受机械损伤，更换导线方便，在工业与民用建筑中使用最为广泛。

(一) 配管的一般规定

金属导管必须接地 (PE) 或接零 (PEN) 可靠。

所有管口在穿入电线、电缆后应做密封处理。

当导管埋入建筑物、构筑物暗配时，其与建筑物、构筑物表面的距离不应小于 15 mm，若是绝缘导管在砖墙上剔槽埋设时，还应采用强度等级不小于 M10 的水泥砂浆抹面保护。

室外埋地敷设的电缆导管，其壁厚不得小于 2 mm，埋深不应小于 0.7 m。

室内 (外) 导管的管口应设置在盒、箱内，在落地式配电箱内的管口，箱底无封板的，管口应高出基础面 50~80 mm。

电缆导管的弯曲半径不应小于规范规定的电缆最小允许弯曲半径。

直埋于地下或楼板内的刚性绝缘导管，在穿出地面或楼板易受机械损伤的一段，应采取保护措施。当设计无要求时，埋设在墙内或混凝土内的绝缘导管，应采用中型以上的导管。

电线保护管不宜穿过设备或建筑物、构筑物的基础，当必须穿过时，应采取保护措施。在穿过建筑物伸缩、沉降缝时，也应采取保护措施。

为了穿、拉线方便，当电线保护管遇下列情况之一时，中间应增设接线盒或拉线盒：

①管长度每超过 30 m，无弯曲。

②管长度每超过 20 m，有 1 个弯曲。

③管长度每超过 15 m，有 2 个弯曲。

④管长度每超过 8 m，有 3 个弯曲。

为了克服导线自重带来的危害，当垂直敷设电线保护管遇到下列情况之一时，应增设固定导线用的拉线盒：

①管内导线截面面积 50 mm² 及以下，长度每超过 30 m。

②管内导线截面面积 70~95 mm² 及以下，长度每超过 20 m。

③管内导线截面面积 120~240 mm² 及以下，长度每超过 18 m。

（二）线管的选择

线管的选择主要从以下三个方面考虑：

首先是线管类型的选择。根据使用场合、使用环境、建筑物类型和工程造价等因素选择合适的线管类型。其次是线管规格的选择。可根据线管的类型和穿线的根数选择合适的管径。第三是线管外观的选择。所选用的线管不应有裂缝和严重锈蚀。弯扁程度不应大于管外径的 10%。线管应无堵塞，管内应无铁屑及毛刺，切断口应锉平，管口应光滑。

1. 配管种类选择

线管配线常使用的线管有钢管（包括水煤气钢管和电线管）、普利卡金属软管、硬塑料管、半硬塑料管、塑料波纹管和金属软管（蛇皮管）。采用钢管或塑料管配线的工艺流程大致相同。其中，水煤气钢管又称焊接钢管，按表面处理可分为镀锌和不镀锌；按壁厚不同可分为普通钢管、加厚钢管和薄壁钢管。其管径以内径计算。电线管又称薄壁管、黑铁管，其管径以外径计算。

薄壁钢管适用于干燥场所明敷或暗敷，厚壁钢管适用于潮湿、易燃、易爆或地下等场所的敷设。利用钢管壁兼做接地线时，要选用壁厚不小于 2.5 mm 的厚壁钢管。

穿导线用塑料管有聚氯乙烯硬质塑料管和塑料软管（又称半硬塑料管）之分。硬质塑料管又可分为硬质聚氯乙烯管和硬质 PVC 塑料管，它耐腐蚀，但易变形老化，且机械强度不如钢管，常用于室内或存在酸碱等腐蚀性介质的场所，不得在高温和易受机械损伤的场所敷设。如果埋在地下受力较大的地方时，宜采用比一般硬质塑料管管壁厚一些的重型管。半硬质塑料管耐腐蚀，绝缘性能好，不易破碎，质轻、刚柔结合易于施工，运输方便。由于制造时添加了阻燃剂，防火性能较好。适用于一般民用建筑的照明工程暗配敷设，但不能用于高温场所和顶棚内敷设。当敷设于现场捣制的混凝土结构中时，应采取预防机械损伤的措施。

2. 线管规格的选择

配线用管内孔截面面积应为所穿导线总面积（包括导线外皮）的 2.5 倍，并且管内径不应小于导线束直径的 1.4~1.5 倍。

线管长度选择按方便穿线的原则考虑。根据规定，当管路长度超过一定数值时，中间应加装接线盒或拉线盒，其位置应便于穿线，详见配管一般规定中的相应要求。如果管线较长，加装接线盒有困难时，应将管径加大一级或一级以上。

选管时应注意：凡有砂眼、裂缝和较大变形（管子的椭圆度超过管外径的10%）的管子不能使用。

（三）钢管配线

钢管配线是把绝缘导线穿在钢管内敷设的配线方式。这种配线方式广泛应用于工业厂房和重要公共建筑中，以及易燃、易爆和潮湿场所。这种配线方式安全可靠，可以避免机械损伤和腐蚀，更换电线方便。钢管配线有明配和暗配两种，明配是把钢管敷设于墙壁等表面可以直接看到的地方，要求整齐美观；暗配是把钢管敷设在墙壁内、楼板内和地面下等看不见的地方，要求管路短，弯曲少，便于穿线。钢管配线工艺如下：

1. 线管的选择

主要选择管子的种类和规格。种类的选择主要根据环境条件和安装方式。明配在潮湿场所和暗配于地下的管子都应选用厚壁管。明配或暗配于干燥场所时，均选用薄壁管。

规格应根据管内所穿导线根数和截面面积大小进行选择。一般规定管内导线总面积不应大于管子截面面积的40%。对于设计完毕的施工图，管子的种类与规格已经确定，施工时要选用与设计相符的钢管种类与规格。

2. 钢管的加工

钢管的加工主要包括钢管的防腐、切割、套丝和弯曲等。不同的管材，其加工的方法和要求有所不同。

（1）钢管的防腐处理

对于非镀锌钢管，为防止生锈，在配管前应对管子的内壁、外壁除锈、刷防腐漆。管子内壁除锈，可用圆形钢丝刷，两头各绑一根铁丝，穿过管子，来回拉动钢丝刷，把管内铁锈清除干净。管子外壁除锈，可用钢丝刷打磨，也可用电动除锈机。除锈后，将管子的内外表面涂以防腐漆。

钢管外壁刷漆要求与敷设方式有关：①埋入混凝土内的钢管外壁可不刷防腐漆；②直埋于土层内的钢管外壁应刷两道沥青或使用镀锌钢管；③采用镀锌钢管时，锌层剥落处应刷防腐漆；④埋入砖墙内的钢管应刷红丹漆等防腐漆；⑤明敷钢管应刷一道防腐漆，一道面漆（若设计无规定颜色，一般用灰色漆）；⑥设计有特殊要求时，应按设计规定进行防腐处理。电线管一般因为已刷防腐黑漆，故只须在管子焊接处、连接处以及漆脱落处补刷同样色漆。

（2）管子切割套丝

在配管前，应根据所需实际长度对管子进行切割，应该使用钢锯、割刀或无齿锯切割，严禁用电焊、气焊切割钢管。钢管的切割方法很多，管子批量较大时，可以使用型钢切割机（无齿锯）。批量较小时可使用钢锯或割管器（管子割刀）。管子切断后，断口处应与管轴线垂直，管口应锉平、刮光，使管口整齐光滑。

钢管敷设过程中管子与管子的连接，管子与器具以及与盒（箱）的连接，均须在管子端部套丝。

水煤气钢管套丝可用管子铰板或电动套丝机制作；电线管套丝一般采用圆丝板，圆丝板由板架和板牙组成。

套丝时，先将管子固定在管子台虎钳上，再把铰板套在管端，并调整铰板的活动刻度盘，使板牙符合需要的距离，用固定螺钉固定后，再调整铰板的 3 个支承脚，使其紧贴管子，防止套丝时出现斜丝。铰板调整好后，手握铰板手柄，平稳向里推进，并按顺时针方法转动。

管端套丝长度与钢管丝扣连接的部位有关。用在与接线盒、配电箱连接处的套丝长度，不宜小于管外径的 1.5 倍；用于管与管相连部位时的套丝长度，不得小于管接头长度的 1/2 加 2~4 扣。

电线管的套丝，操作比较简单，只要把铰板放平，平稳地向里推进，即可以套出所需的丝扣。

套完丝扣后，应随即清理管口，将管子端面毛刺处理光，使管口保持光滑，以免割破导线绝缘。

（3）管子弯曲

由于设备元件位置及其他原因，改变钢管敷设方向时就需要弯管。管子的弯曲半径明配时一般不小于管外径的 6 倍；若埋于地下或敷设在混凝土楼板内则不应小于管外径的 10 倍。

钢管的弯曲有冷煨和热煨两种。冷煨一般采用手动弯管器或电动弯管器。手动弯管器一般适用于直径在 50 mm 以下的钢管，且为小批量。若弯制直径较大的管子或批量较大时，可使用滑轮弯管器或电动（或液压）弯管机。用火加热弯管，只限于管径较大的黑铁管。

用弯管器弯管时，应根据管子直径选用，不得以大代小，更不能以小代大。把弯管器套在管子需要弯曲的部位（即起弯点），用脚踩住管子，扳动弯管器手柄，稍加一定的力，使管子略有弯曲，然后逐点向后移动弯管器，重复前次动作，直至弯曲部分的后端，使管子弯成所需要的弯曲半径和弯曲角度。

较大管子（管径在 50 mm 以上）的煨弯可用电动弯管机或热煨法。使用弯管机时，先按线管弯曲半径的要求选择模具，再将已画好线的管子放入弯管机模具内，使管子的起弯点对准弯管机的起弯点，然后拧紧夹具。开始弯管，当弯曲角度大于所需角度 1°~2° 时停止，将弯管机退回起弯点，用样板测量弯曲半径和弯曲角度。使用弯管机时应注意所弯的管子外径一定要与弯管模具配合贴紧，否则管子会产生凹瘪现象。

用火加热煨弯时应先把管子内装满干燥的沙子，两端用木塞塞紧后，将弯曲部位放在烘炉或焦炭火上均匀加热，再放到模具上弯曲成型。用此法煨弯时，应比预定弯曲角度略大 2°~3°，以弥补因冷却而回缩。也可以用气焊加热煨弯，先预热弯曲部分，然后从起弯点开始，边加热边弯曲，直到所需角度。为了保证弯曲质量，热煨法应确定管子的合适加热长度。管子加热长度公式如下：

$$L = \pi\alpha R/180 \tag{4-1}$$

式中：R——弯曲半径；

α——弯曲角度。

3. 线管的连接

（1）钢管连接

按照施工规范要求，钢管与钢管的连接有管箍连接（螺纹连接）、套管连接和紧定螺钉连接等方法。不管是明敷设还是暗敷设，一般多采用管箍连接，不能直接用电焊连接。在潮湿场所、易燃易爆场所以及地下暗埋时更是如此。

采用管箍连接时，首先要把连接管端部套丝，并在丝扣部分涂以铅油，缠上麻丝（生料带）。管端螺纹长度不应小于管接头长度的 1/2；然后把连接管中心对正插入套管内，两管反向拧紧，并使两管管端吻合。连接后，其螺纹宜外露 2~3 扣。螺纹表面应光滑、无缺损。

钢管与钢管之间采用螺纹连接时，为了使管路系统接地良好、可靠，要在管箍两端焊接用圆钢或扁钢制作的跨接接地线，焊接长度不可小于接地线截面面积的 6 倍，或采用专用接地卡跨接。镀锌钢管或可挠金属电线保护管的跨接接地线宜采用专用接地线卡跨接，不应采用熔焊连接。

采用套管连接时，套管长度宜为管外径的 1.5~3 倍，管与管的对口处应位于套管的中心。套管长度不合适将不能起到加强接头处机械强度的作用。一般应视敷设管线上方的冲击大小而定，冲击大选上限，冲击小则选下限。套管采用焊接连接时，焊缝应牢固严密；这里还应注意套管的选择，太大的管径不易使两连接管中心线对正，造成管口连接处有效截面面积减小，致使穿线和焊接困难。

采用紧定螺钉连接时，螺钉应拧紧。在振动的场所，紧定螺钉应有防松措施。镀锌钢管和薄壁钢管应采用螺纹连接或套管紧定螺钉连接，不应采用熔焊连接。

（2）钢管与盒（箱）或设备的连接

暗配的黑铁管与盒（箱）连接可采用焊接连接，管口宜高出盒（箱）内壁 3~5 mm，且焊后应补刷防腐漆；明配钢管或暗配的镀锌钢管与盒（箱）连接应采用锁紧螺母或护圈帽固定。用锁紧螺母固定的管端螺纹宜外露锁紧螺母 2~3 扣。

管与盒（箱）直接连接时要掌握好入盒长度，不应在预埋时使管口脱出盒子，也不应使管插入盒内过长，一般在盒（箱）内露出长度应小于 5 mm。

钢管与设备直接连接时，应将钢管敷设到设备的接线盒内。当钢管与设备间接连接时，对室内干燥场所，钢管端部宜增设电线保护软管或可挠金属电线保护管后引入设备的接线盒内，且钢管管口应包扎紧密（软管长度不宜大于 0.8 m）；对室外或室内潮湿场所，钢管端部应增设防水弯头，导线应加套保护软管，经弯成滴水弧状后再引入设备的接线盒。与设备连接的钢管管口与地面的距离宜大于 200 mm。

4. 钢管的敷设

钢管敷设，俗称配管。配管工作一般从配电箱开始，逐段配至用电设备处，有时也可从用电设备端开始，逐段配至配电箱处。

线管敷设有暗配和明配两种，所谓暗配就是在现浇混凝土内敷设钢管。在现浇混凝土构件内敷设管子，可用铁线将管子绑扎至钢筋上，也可以用钉子钉在模板上，但应将管子用垫块垫起，用铁线绑牢，垫块可用碎石块，垫高 15~20 mm，以减轻地下水对管子的腐蚀，此项工作是在浇注混凝土前进行的。

当线管配在砖墙内时一般是随同土建砌砖时预埋；否则，应先在砖墙上留槽或剔槽。线管在砖墙内的固定方法，可先在砖缝里打入木楔，再在木楔上钉钉子，用铁线将管子绑扎在钉子上，使管子充分嵌入槽内，应保证管子离墙表面净距不小于 15 mm。

在地坪内配管，必须在土建浇制混凝土前埋设，固定方法可用木桩或圆钢等打入地中再用铁丝将管子绑牢。为使管子全部埋设在地坪混凝土层内，应将管子垫高，离土层 15~20 mm，这样，可减少保护管保护。当有许多管子并排敷设在一起时，必须使其相互离开一定距离，以保证其间也灌上混凝土。进入落地式配电箱的管子要整齐排列，管口高出基础面不小于 50 mm。

为避免管口堵塞影响穿线，管子配好后要将管口用木塞或塑料塞堵好。管子连接处以及钢管及接线盒连接处，要按规定做好接地处理。

当电线管路遇到建筑物伸缩缝、沉降缝时,必须相应做伸缩、沉降处理。一般是装设补偿盒。在补偿盒的侧面开一个长孔,将管端穿入长孔中,无须固定,而另一端则要用六角螺母与接线盒拧紧固定。

5. 线管的穿线

管内穿线工作一般应在管子全部敷设完毕,建筑物抹灰、粉刷及地面工程结束后进行。在穿线前应将管中的积水及杂物清除干净。

穿线时,应先穿一根钢带线(φ1.6 mm 钢丝)作为牵引线,所有导线应一起穿入。拉线时应有两人操作,一人担任送线,另一人担任拉线,两人应互相配合。

导线穿入钢管时,管口处应装设护线套保护导线;在不进入接线盒(箱)的垂直管口,穿入导线后应将管口密封。在较长的垂直管路中,导线长度与截面的关系为 50 mm^2 及以下的导线,长度为 30 m;70~95 mm^2 的导线,长度为 20 m;120~240 mm^2 的导线,长度为 10 m。为防止由于导线的本身自重拉断导线或拉脱接线盒中的接头,导线应在管路中间增设的拉线盒中加以固定。

导线穿好后,剪除多余的导线但要留出适当的余量,便于以后接线。预留长度为:接线盒内以绕盒一周为宜;开关板内以绕板内半周为宜。为在接线时能方便分辨出各条导线,可以在各导线上标上不同标记。

穿线时应严格按照规范的规定进行。同一交流回路的导线应穿于同一根钢管内。不同回路、电压等级或交流与直流的导线,不得穿在同一根管内。但下列四种情况或设计有特殊规定的除外:

①电压为 65 V 及以下的回路。

②同一台设备的电机回路和无抗干扰要求的控制回路。

③照明花灯的所有回路。

④同类照明的几个回路,可穿入同一根管内,但管内导线总数不应多于 8 根。

钢管与设备连接时,应将钢管敷设到设备内。如果不能直接进入设备内,可用金属软管连接至设备接线盒内。金属软管与设备接线盒的连接使用软管接头。

(四) 塑料管配线

塑料管的配线工艺与钢管相类似,也分为如下工序:管子的选择、加工、敷设和穿线等。

1. 塑料管的选择

施工时一般管子的类型和规格已经选定,一般按图样选管即可。通常硬塑料管适用于室内或有酸、碱等腐蚀性介质的场所，但不得用于高温或易受机械损伤的场所。半硬塑料管和波纹管适用于一般民用建筑照明工程的暗敷设，但不得敷设于高温场所。

所选定的塑料管不应有裂缝和扁折、堵塞等情况，表观质量应符合要求。

2. 塑料管的加工

硬质塑料管的切断多用钢锯条，硬质 PVC 塑料管也可以使用厂家配套供应的专用截管器截剪管子。应边转动管子边进行裁剪，使刀口易于切入管壁，刀口切入管壁后，应停止转动 PVC 管（以保证切口平整），继续裁剪，直至管子切断为止。

硬质塑料管的弯曲有冷煨和热煨两种。冷煨法只适用于硬质 PVC 塑料管。弯管时，将相应的弯管弹簧插入管内需要弯曲处，两手握住管弯处弹簧的部位，用手逐渐弯出所需要的弯曲半径来。采用热煨时，可将塑料管按量好的尺寸放在电烘箱和电炉上加热，待要软时取出，放在事先做好的胎具内弯曲成形。但应注意不能将管烤伤、变色。

3. 塑料管的连接

（1）硬质塑料管的连接

硬质塑料管的连接有丝扣连接和黏结连接两种方法。用丝扣连接时，要在管口处套丝，可采用圆丝板，与钢管套丝方法类似。套完丝后，要清洁管口，将管口端面和内壁的毛刺清理干净，使管口光滑以免伤线。软质塑料管和波纹管没有套丝的加工工艺。

硬质塑料管的黏结连接通常采用两种方法：插入法和套接法。其中插入法又分为一步插入法和二步插入法，前者适用于直径 50 mm 及以下的硬质塑料管，后者适用于直径 65 mm 及以上的硬质塑料管。

硬质塑料管之间以及与盒（箱）等器件的连接应采用插入法连接；连接处结合面应涂专用胶合剂，接口应牢固密封，并应符合下列要求：

①管与管之间采用套管连接时，套管长度宜为管外径的 1.5~3 倍；管与管的对口处应位于套管的中心。

②管与器件连接时，插入深度宜为管外径的 1.1~1.8 倍。

硬质 PVC 管的连接，目前多使用成品管接头，连接管两端涂以专用胶合剂，直接插入管接头。

硬质塑料管与盒（箱）的连接，可以采用成品管盒连接件。连接时，管端涂以专用胶合剂插入连接即可。

套接法是将相同直径的硬塑料管加热扩大成套管，再把需要连接的两管端部倒角，并用汽油清洁插接段。待汽油挥发后，在插接段均匀涂上胶合剂，迅速插入热套管中，并用湿布冷却即可。

（2）半硬质塑料管和波纹管的连接

半硬质塑料管应采用套管黏接法连接，套管长度一般取连接管外径的 2~3 倍，接口处应用黏合剂黏接牢固。

塑料波纹管一般不用连接，必须连接时，可采用管接头连接。

4. 塑料管敷设

塑料管直埋于现浇混凝土内，在浇捣混凝土时，应采取防止塑料管发生机械损伤的措施。在露出地面易受机械损伤的一段，也应采取保护措施。

5. 塑料管穿线

塑料管穿线的施工规范和施工方法与钢管内穿线完全相同，穿线后即可进行接线和调试。

二、地面内暗装金属线槽布线

地面内暗装金属线槽布线是为了适应现代化建筑电气线路日趋复杂、配线出口位置多变这样一种实际需要而推出的一种新型布线方式。它是将电线或电缆穿在经过特制的壁厚为 2 mm 的封闭式矩形金属线槽内，直接敷设在混凝土地面、现浇钢筋混凝土或预制混凝土楼板的垫层内。

线槽配线一般适用于导线根数较多或导线截面面积较大且在正常环境的室内场所敷设。线槽按材质分，有金属线槽和塑料线槽之分；按敷设方法分，有明敷和暗敷之分；按槽数分，有单槽和双槽之分。

（一）暗配金属线槽的敷设

地面内暗装金属线槽，是将其暗敷于现浇混凝土地面、楼板或楼板垫层内，在施工中应根据不同的结构形式和建筑布局，合理确定线槽走向。

当暗装线槽敷设在现浇混凝土楼板内时，楼板厚度不应小于 200 mm；当敷设在楼板垫层内时，垫层的厚度不应小于 70 mm，并避免与其他管路相互交叉。

地面内暗配金属线槽，应根据单线槽或双线槽结构形式的不同，选择单压板或双压板与线槽组装并配装卧脚螺栓。地面内线槽的支架安装距离，一般情况下应设置于直线段不大于 3 m 或在线槽接头处、线槽进入分线盒 200 mm 处。线槽出线口和分线盒不得突出地面，且应做好防水密封处理。

地面内线槽端部与配管连接时，应使用管过渡接头；线槽间连接时，应采用线槽连接头进行连接，线槽的对口处应在线槽连接头的中间位置上；当金属线槽的末端无连接时，就用封端堵头堵严。

分线盒与线槽、管连接时：

①地面内暗装金属线槽不能进行弯曲加工，当遇有线路交叉、分支或弯曲转向时，应安装分线盒。当线槽的直线长度超过 6 m 时，为方便施工穿线与维护，也宜加装分线盒。双线槽分线盒安装时，应在盒内安装便于分开的交叉隔板。

②由配电箱、电话分线箱及接线端子箱等设备引至线槽的线路，宜采用金属管暗敷设方式引入分线管，钢管可从分线盒的窄面引出，或以终端连接器直接引入线槽。

(二) 线槽内导线的敷设

线槽内导线敷设应符合下列要求：

①导线敷入线槽前，应清扫线槽内残余的杂物，使线槽保持清洁。

②导线敷设前应检查所选择的线槽是否符合设计要求，绝缘是否良好，导线按用途分色是否正确。放线时应边放边整理，理顺平直，不得混乱，并将导线按回路（或系统）用尼龙绑扎带或线绳绑扎成捆，分层排放在线槽内并做好永久性编号标志。

③导线的规格和数量应符合设计规定。当设计无规定时，包括绝缘层在内的导线总截面面积不应大于线槽内空截面面积的 60%，电线、电缆在线槽内不宜接头，但在可拆卸盖板的线槽内，包括绝缘层在内的导线接头处所有导线截面面积之和，不应大于线槽内空截面面积的 75%。在不易拆卸盖板或暗配的线槽内，导线的接头位置于线槽的分线盒内或线槽出线盒内，但暗配金属线槽的电线、电缆的总截面面积（包括外护层），不宜大于槽内截面面积的 40%。

④强电、弱电线路应分槽敷设，消防线路（火灾和应急呼叫信号）应单独使用专用线槽敷设，其两种线路交叉处应设置有屏蔽分线板的分线盒。

⑤金属线槽交流线路，所有相线和中性线（如有中性线时），应敷设在同一线槽内。

⑥同一路径无防干扰要求的线路，可敷设于同一金属线槽内，但同一线槽内的绝缘电线和电缆都应具有与最高标称电压回路绝缘相同的绝缘等级。

⑦在金属线槽垂直或倾斜敷设时，应采用防止电线或电缆在线槽内移动的措施，确保导线绝缘不受损坏，避免拉断导线或拉脱拉线盒（箱）内导线。

⑧引出金属线槽的配管管口处应有护口，防止电线或电缆在引出部分遭受损伤。

第四节　封闭插接式母线配线

封闭插接式母线是高层建筑中低压配电线的重要形式之一。由于封闭插接式母线供电安全、可靠，安装迅速方便，使用美观大方，所以得到了越来越广泛的应用。

一、封闭插接式母线的种类及用途

封闭插接式母线是一种把铜（铝）母线用绝缘夹板夹在一起（用空气绝缘或缠包绝缘带绝缘）置于金属板（钢板式铝板）中的母线系统，有单相二线制、单相三线制、三相三线制、三相四线制等制式。

封闭插接式母线本身结构紧凑且载流量大，可作为工厂车间、高层建筑等大电流的配电干线使用，但由于封闭式母线造价高，选用时应做技术经济比较，合理时方可选用。

二、封闭插接式母线的施工

（一）施工前的准备工作

封闭插接母线应有出厂合格证、3C 认证标志及认证复印件、安装技术文件。技术文件应包括额定电压、额定容量、试验报告等技术数据。

母线安装前应对其进行外观的检查；规格和型号的核对；各种配件的查对，特别重要的是母线组装前应逐段进行绝缘检查，其绝缘电阻值不得低于 0.5 MΩ。母线外观质量应符合以下要求：

①每一相母线组件外壳上应有明显标志，表明所属相段、编号、安装方向。

②母线和外壳不应有裂纹、裂口和严重锤痕或凹凸不平的现象。

③母线与外壳不同心度允许偏差为±5 mm。

④外壳法兰端面应与外壳轴线垂直，法兰不变形，加工精度良好。

⑤螺栓连接的接触面加工后镀锡，锡层要平整、均匀、光洁，不允许有麻面、起皮和未覆盖部分。

⑥外壳内表面及母线外表面涂无光泽黑漆，漆面应良好。

各种规格的型钢应无明显锈蚀，卡件、各种螺栓、垫圈应符合设计要求，应是热镀锌制品。

其他辅助材料如防腐油漆、面漆、电焊条等应有出厂合格证。

（二）施工工艺流程

施工一般遵循以下工艺流程：支架安装、封闭插接母线安装、接地检查、绝缘耐压试验、试运行。

1. 支架安装

支架可以根据用户要求由厂家配套供应，也可自制。安装支架前应根据母线路径测量出较为准确的支架位置。

封闭插接母线支架厂采用两种安装方式：与预埋铁件焊接固定或用膨胀螺栓固定。当支架采用前一种固定方式时，焊缝应饱满；采用膨胀螺栓连接时，选用的螺栓应适配，连接应固定。支架安装时应注意以下四点：

一是封闭插接母线的转弯处以及与箱、盘连接处必须装支架。直线段插接母线支架距离不应大于 2 m。

二是埋注支架用水泥砂浆（灰砂比为 1∶3），32.5 级及以上的水泥，应注意灰浆饱满、严实、不高出墙面，埋深不少于 80 mm。

三是固定支架的膨胀螺栓不少于 2 个。一个吊架用两根吊杆，固定牢固，螺扣外露 2~4 扣，膨胀螺栓应加平垫圈和弹簧垫圈，吊架应用双螺母夹紧。

四是支架及支架与埋件焊接处刷防腐油漆应均匀，无漏刷，不污染建筑物。

2. 封闭插接式母线安装

母线水平敷设时，至地面的距离不应小于 2.2 m；垂直敷设时，距地面 1.8 m 以下部分应采取防止机械损伤的措施，但敷设在电气专用房间内（如配电室、电机室、电气竖井等）时可不受限制。

由于封闭插接式母线尺寸是按施工图订货和供应的，制造商提供安装技术文件，指明连接程序、伸缩节设置和连接的其他说明，所以，母线应按设计和产品技术规定组装，不得随意互换。在组装时起吊母线，不应用裸钢丝绳起吊和绑扎；不得在地面上拖拉、任意堆物；也不得在外壳上进行其他任何作业，以防损坏外壳的防腐层。组装母线时外壳内不得有遗留物，外壳内及绝缘子必须擦拭干净，以防壳内绝缘降低或破坏绝缘。组装后的外壳不允许损坏或变形。

封闭插接式母线安装时应符合下列规定：

①母线水平敷设时，应使用支架固定。支架刷漆应均匀，安装位置应正确，达到横平竖直，固定牢靠；成排安装的应排列整齐，间距均匀，其支持点间距不宜大于 2 m。做垂直敷设时，当进线盒及末端悬空，应采用支架固定，而通过楼板处则应采取专用附件支承，可用弹簧支架做支承，也可采用防振橡胶垫支承。其目的是防止自重或沿长度方向膨胀时，母线发生变形以及带来良好的防震效果。如母线容量在 400 A 及以下时，可以隔层在楼板上支承，400 A 以上者应每层支承。母线拐弯处及与箱（盘）连接处必须增加固定支架。

②母线的连接不应在穿过楼板或墙壁处进行。当母线穿过楼板垂直安装，为便于安装

维修，母线的接头中心一般应高于楼板面 0.7 m。母线的插接分支点也应设在安全和安装维修方便的地方，因此安装插接分线箱（盒）时应注意到这一点。配电箱或分线箱的底边距地面以 1.5 m 为宜。

③母线在穿过防火墙及防火楼板时，应采用防火隔离措施，一般在母线周围填充防火堵料。

④母线的终端无引出、引入线时，端头应使用终端进行封闭或加装终端盒。

⑤母线的连接是采用具有高绝缘、耐电弧、高强度的绝缘板隔开各导电排以完成母线的插接，然后用覆盖环氧树脂的绝缘螺栓紧固，以确保母线连接处的可靠绝缘。母线连接可采用高能母线接续器，这样既省时省力，又能保证接续可靠。

⑥母线直线敷设长度超过制造厂给定的数值时，宜设置伸缩节，也可由制造厂提供温度补偿型母线槽，当母线水平跨越建筑物的伸缩缝或沉降缝处，也应采取适当补偿措施。

⑦封闭插接母线外壳的保护接地或保护接零，可利用壳体本身做接地线，因为此时的外壳已连通成一个接地干线，且有供接地用的连接点。也可采用母线上带有的附加接地装置，即在外壳上附加 3×25 裸铜带，使母线槽间的接地带通过连接组成整体接地带。接地线均应连接牢固，防止松动，且应与专用保护线连接。

⑧母线安装完毕后，用绝缘电阻表测试相间、相对地的绝缘电阻值并做好记录。

⑨呈微正压的封闭母线，在安装结束后，还应检查其密封性是否良好。

三、封闭插接式母线的接地

封闭插接式母线的接地形式有多种，原则上应按图施工，当图样无规定时，应合理选择接地方式。一般封闭插接式母线的金属外壳仅作为防护外壳，不得作保护接地干线（PE 线）用，但外壳和支架必须接地。每段母线槽应用不小于 16 mm² 的编织软铜带跨接，使母线槽外壳互相连成一体。一般每 50 m 与接地干线相连接，但全长不少于 2 处应与接地干线相连。

在 TN-S 系统中，如采用四线型母线槽，则应另外敷一根接地干线（PE 线），每段封闭插接式母线外壳应与接地干线有良好的电气连接。

无论采用什么形式接地，均应连接牢固，防止松动，但严禁焊接，封闭插接式母线外壳应与专用保护线（PE 线）连接。

第五章　变配电室安装

第一节　变压器安装

一、油浸式变压器安装

变压器安装基础及基础轨道埋设多由土建施工，变压器安装前应根据变压器尺寸对基础进行验收，尺寸符合设计并与变压器本体尺寸相符后，即可进行变压器安装。

（一）变压器的搬运

10 kV 配电变压器单台容量多为 1 000 kVA 左右，质量较轻，均为整体运输，整体安装。因此，施工现场对这种小型变压器的搬运，均采用起重运输机械，其注意事项如下：

①小型变压器一般均采用吊车装卸。在起吊时，应使用油箱壁上的吊耳，严禁使用油箱顶盖上的吊环。吊钩应对准变压器中心，吊索与铅垂线的夹角不得大于 30°，若不能满足时，应采用专用横梁挂吊。

②当变压器吊起约 30 mm 时，应停车检查各部分是否有问题，变压器是否平衡等，若不平衡，应重新找正。确认各处无异常，即可继续起吊。

③变压器装到拖车上时，其底部应垫以方木，且应用绳索将变压器固定，防止运输过程中发生滑动或倾倒。

④在运输过程中车速不可太快，特别是上、下坡和转弯时，车速应放慢，一般为 10~15 km/h，以防因剧烈冲击和严重振动而损坏变压器内部绝缘构件。

⑤变压器短距离搬运可利用底座滚轮在搬运轨道上牵引，前进速度不应超过 0.2 km/h。牵引的着力点应在变压器重心以下。

（二）变压器安装前的检查与保管

变压器到达现场后，应及时进行下列检查：

①变压器应有产品出厂合格证，技术文件应齐全；型号、规格应和设计相符，附件、备件应齐全完好。

②变压器外表无机械损伤，无锈蚀。

③油箱密封应良好。带油运输的变压器，油枕油位应正常，无渗漏油现象，瓷体无损伤。

④变压器轮距应与设计轨距相符。

如果变压器运到现场不能很快安装，应妥善保管。如果三个月内不能安装，应在一个月内检查油箱密封情况，测量变压器内油的绝缘强度和测量绕组的绝缘电阻值。对于充气运输的变压器，如不能及时注油，可继续充入干燥洁净的与原充气体相同的气体保管，但必须有压力监视装置，压力可保持为 0.01~0.03 MPa，气体的露点应低于-40 ℃。变压器在长期保管期间，应经常检查，检查变压器有无渗油，油位是否正常，外表有无锈蚀，并应每六个月检查一次油的绝缘强度。充气保管的变压器应经常检查气体压力，并做好记录。

(三) 变压器器身检查

变压器到达现场后，应进行器身检查。进行器身检查的目的是检查变压器是否有因长途运输和搬运，由于剧烈振动或冲击使芯部螺栓松动等一些外观检查不出来的缺陷，以便及时处理，保证安装质量。但是，变压器器身检查工作是比较繁杂而麻烦的，特别是大型变压器，进行器身检查须耗用大量人力和物力，因此，现场不检查器身的安装方法是个方向。凡变压器满足下列条件之一时，可不进行器身检查：

一是制造厂规定不进行器身检查者。

二是就地生产仅做短途运输的变压器，且在运输过程中进行了有效的监督，无紧急制动、剧烈振动、冲撞或严重颠簸等异常情况者。

10 kV 配电变压器的器身检查均采用吊芯检查。这样器身就要暴露在空气中，就会增加器身受潮的机会。因此，做器身检查应选择良好天气和环境，并做好充分的准备工作，尽量缩短器身在空气中暴露的时间。

(四) 变压器的干燥

新装变压器是否需要进行干燥，应根据"新装电力变压器不需要干燥的条件"进行综合分析判断后确定。

1. 带油运输的变压器

①绝缘油电气强度及微量水试验合格。

②绝缘电阻及吸收比符合规定。

③介质损失角正切值 tanδ（%）符合规定（电压等级在 35 kV 以下及容量在 4 000 kVA 以下者不做要求）。

2. 充氮运输的变压器

①器身内压力在出厂至安装前均保持正压。

②残油中微量水不应大于 0.003%；电气强度试验在电压等级为 330 kV 及以下者不低于 30 kV。

③变压器注入合格油后：绝缘油电气强度及微量水符合规定；绝缘电阻及吸收比符合规定；介质损失角正切值 tanδ（%）符合规定。当变压器不能满足上述条件时，则应进行干燥。

电力变压器常用干燥方法较多，有铁损干燥法、铜损干燥法、零序电流干燥法、真空热油喷雾干燥法、煤油气相干燥法、热风干燥法及红外线干燥法等。干燥方法的选用应根据变压器绝缘受潮程度及变压器容量大小、结构形式等具体条件确定。

对整体运输和安装的 10 kV 配电变压器极少碰到需要干燥的情况，加之干燥工艺过程比较复杂，在此就不再赘述。

（五）变压器油的处理

需要进行干燥的变压器，都是因为绝缘油不合格。因此，在进行芯部干燥的同时，应进行绝缘油的处理。

需要进行处理的油有以下两类：

1. 老化了的油

所谓油的老化，是由于油受热、氧化以及水分、电场、电弧等因素的作用而发生油色变深、黏度和酸值增大、闪点降低、电气性能下降，甚至生成黑褐色沉淀等现象。老化了的油，须采用化学方法处理，把油中的劣化产物分离出来，即所谓油的"再生"。

2. 混有水分和脏污的油

这种油的基本性质未变，只是由于混进了水分和脏污，使绝缘强度降低。这种油采用物理方法便可把水分和脏污分离出来，即油的"干燥"和"净化"。在安装现场碰到的主要是这种油。因为对新出厂的变压器，油箱里都是注满的新油，不存在油的老化问题。只是可能由于在运输和安装中，因保管不善造成油与空气接触，或其他原因，使油中混进了一些水分和杂物。对这种油，常采用压力过滤法进行处理。

（六）变压器就位安装

变压器经过上述一系列检查之后，若无异常现象，即可就位安装。对于中小型变压器一般多是在整体组装状态下运输的，或者只拆卸少量附件，所以安装工作相应地要比大型变压器简单得多。

变压器就位安装应注意以下问题：

①变压器推入室内时，要注意高、低压侧方向应与变压器室内的高低压电气设备的装设位置一致，否则变压器推入室内之后再调转方向就困难了。

②变压器基础导轨应水平，轨距应与变压器轮距相吻合。装有气体继电器的变压器，应使其顶盖沿气体继电器气流方向有 1%~1.5% 的升高坡度（制造厂规定不需要安装坡度者除外）。主要是考虑当变压器内部发生故障时，使产生的气体易于进入油枕侧的气体继电器内，防止气泡积聚在变压器油箱与顶盖间，只要在油枕侧的滚轮下用垫铁垫高即可。垫铁高度可由变压器前后轮中心距离乘以 1%~1.5% 求得。抬起变压器可使用千斤顶。

③装有滚轮的变压器，其滚轮应能灵活转动，就位后，应将滚轮用能拆卸的制动装置加以固定。

④装接高、低压母线。母线中心线应与套管中心线相符。母线与变压器套管连接，应用两把扳手。一把扳手固定套管压紧螺母，另一把扳手旋转压紧母线的螺母，以防止套管中的连接螺栓跟着转动。应特别注意不能使套管端部受到额外拉力。

⑤接地装置引出的接地干线与变压器的低压侧中性点直接连接；变压器基础轨道也应和接地干线连接。接地线的材料可用铜绞线或扁钢，其接触处应搪锡，以免锈蚀，并应连接牢固。

⑥当需要在变压器顶部工作时，必须用梯子上下，不得攀拉变压器的附件。变压器顶盖应用油布盖好，严防工具材料跌落，损坏变压器附件。

⑦变压器油箱外表面如有油漆剥落，应进行喷漆或补刷。

（七）变压器投入运行前的检查及试运行

在变压器投入试运行前，安装工作应全部结束，并进行必要的检查和试验。

1. 补充注油

在施工现场给变压器补充注油应通过油枕进行。为防止过多的空气进入油中，开始时，先将油枕与油箱间联管上的控制阀关闭，把合格的绝缘油从油枕顶部注油孔经净油机注入油枕，至油枕额定油位。让油枕里面的油静止 15~30 min，使混入油中的空气逐渐逸出。然后，适当打开联管上的控制阀，使油枕里面的绝缘油缓慢地流入油箱。重复这样的操作，直到绝缘油充满油箱和变压器的有关附件，并且达到油枕额定油位为止。

补充注油工作全部完成以后，在施加电压前，应保持绝缘油在电力变压器里面静置24 h，再拧开瓦斯继电器的放气阀，检查有无气体积聚，并加以排放；同时，从变压器油箱中取出油样做电气强度试验。在补充注油过程中，一定要采取有效措施，使绝缘油中的空气尽量排出。

2. 整体密封检查

变压器安装完毕，补充注油以后应在油枕上用气压或油压进行整体密封试验，其压力为油箱盖上能承受 0.03 MPa 压力，试验持续时间为 24 h，应无渗漏。

整体运输的变压器，可不进行整体密封试验。

3. 试运行前的检查

变压器试运行，是指变压器开始带电，并带一定负荷即可能的最大负荷，连续运行24 h 所经历的过程。试运行是对变压器质量的直接考验，因此，变压器在试运行前，应进行全面检查，确认其符合运行条件后，方可投入试运行。

4. 变压器试运行

新装电力变压器，只有在试运行中不发生异常情况，才允许正式投入生产运行。

变压器第一次投入，如有条件时应从零起升压。但在安装现场往往缺少这一条件，可全电压冲击合闸。冲击合闸时，一般宜由高压侧投入。接于中性点接地系统的变压器，在进行冲击合闸时，其中性点必须接地。

变压器第一次受电后，持续时间应不少于 10 min，变压器无异常情况，即可继续进行。变压器应进行 5 次空载全电压冲击合闸，应无异常情况；励磁涌流不应引起保护装置的误动。冲击合闸正常，带负荷运行 24 h，无任何异常情况，则可认为试运行合格。

二、干式变压器安装

干式变压器安装工艺和油浸式变压器安装工艺基本相同，只是有些工序（如有关变压器油处理的工序等）没有了。

(一) 干式变压器安装应具备的作业条件

变压器室内、墙面、屋顶、地面工程等应完毕，屋顶防水应无渗漏，门窗及玻璃安装完好，地坪抹光工作结束，室外场地平整，设备基础按工艺配制图施工完毕，受电后无法进行再装饰的工程以及影响运行安全的项目施工完毕。

预埋件、预留孔洞等均已清理并调整至符合设计要求。

保护性网门、栏杆等安全设施齐全，通风、消防设置安装完毕。

与电力变压器安装有关的建筑物、构筑物的建筑工程质量应符合现行建筑工程施工质量验收规范的规定，当设备及设计有特殊要求时，应符合其他要求。

（二）开箱检查

开箱检查应由施工安装单位、供货单位、建设单位和监理单位共同进行，并做好记录。

开箱检查应根据施工图、设备技术资料文件、设备及附件清单，检查变压器及附件的规格、型号、数量是否符合设计要求，部件是否齐全，有无损坏丢失。

按照装箱单清点变压器的安装图纸、使用说明书、产品出厂试验报告、出厂合格证书、箱内设备及附件的数量等，与设备相关的技术资料文件均应齐全，并应登记造册。

被检验的变压器及设备附件均应符合国家现行规范的规定。变压器应无机械损伤、裂纹、变形等缺陷，油漆应完好无损。变压器高压、低压绝缘瓷件应完整无损伤、无裂纹等。

变压器有无小车，轮距与轨道设计距离是否相等，如不相符应调整轨距。

（三）变压器安装的要点

1. 基础型钢的安装

根据设计要求或变压器本体尺寸，决定基础型钢的几何尺寸。

2. 变压器二次搬运

机械运输。注意事项应参照油浸式变压器。

3. 变压器本体安装

变压器安装可根据现场实际情况进行，如变压器室在首层则可直接吊装进屋内；如果在地下室，可采用预留孔吊装变压器或预留通道运至室内就位到基础上。

变压器就位时，应按设计要求的方位和距墙尺寸就位，横向距墙不应小于 800 mm，距门不应小于 1 000 mm；并应考虑推进方向。开关操作方向应留有 1 200 mm 以上的净距。

4. 变压器附件安装

干式变压器一次元件应按产品说明书位置安装，二次仪表装在便于观测的变压器护网栏上。软管不得有压扁或死弯，富余部分应盘圈并固定在温度计附近。

干式变压器的电阻温度计，一次元件应预装在变压器内，二次仪表应安装在值班室或操作台上。温度补偿导线应符合仪表要求，并加以适当的附加温度补偿电阻，校验调试合格后方可使用。

5. 电压切换装置安装

变压器电压切换装置各分接点与线圈连接线压接正确，牢固可靠，其接触面接触紧密良好；切换电压时，转动触点停留位置正确，并与指示位置一致。

有载调压切换装置转动到极限位置时，应装有机械联锁和带有限位开关的电子联锁。

有载调压切换装置的控制箱，一般应安装在值班室或操作台上，接线正确无误，并应调整好，手动、自动工作正常，挡位指示正确。

6. 变压器接线

变压器的一次、二次接线，地线，控制管线均应符合现行国家施工验收规范规定。

变压器的一次、二次引线连接，不应使变压器套管直接承受应力。

变压器中性线在中性点处与保护接地线接在一起，并应分别敷设；中性线宜用绝缘导线，保护地线宜用黄绿相间的双色绝缘导线。

变压器中性点的接地回路中，靠近变压器处，宜做一个可拆卸的连接点。

（四）变压器送电调试运行

1. 变压器送电前的检查

变压器试运行前应做全面检查，确认各种试验单据齐全、数据真实可靠，变压器一次、二次引线相位、相色正确，接地线等压接接触截面符合设计和国家现行规范规定。

变压器应清理、擦拭干净，顶盖上无遗留杂物，本体及附件无缺损。通风设施安装完毕，工作正常；消防设施齐备。

变压器的分接头位置处于正常电压挡位。保护装置整定值符合规定要求，操作及联动试验正常。

2. 变压器空载调试运行

全电压冲击合闸。高压侧投入，低压侧全部断开，受电持续时间应不少于 10 min，经检查应无异常。

变压器受电无异常，每隔 5 min 进行冲击一次。连续进行 3~5 次全电压冲击合闸，励磁涌流不应引起保护装置误动作，最后一次进行空载运行。

变压器全电压冲击试验，是检验其绝缘和保护装置。但应注意，有中性点接地变压器在进行冲击合闸前，中性点必须接地。否则冲击合闸时，将会造成变压器损坏事故发生。

变压器空载运行的检查方法：主要是听声音进行辨别变压器空载运行情况，正常时发出嗡嗡声。异常时有以下几种情况发生：声音比较大而均匀时，可能是外加电压偏高；声音比较大而嘈杂时，可能是芯部有松动；有嗞嗞放电声音，可能套管有表面闪络，应严加注意，并应查出原因及时进行处理，或更换变压器。

做冲击试验中应注意观测冲击电流、空载电流、一次二次侧电压、变压器温度等，做好详细记录。

经过空载冲击试验运行 24~28 h，确认无异常情况，即可转入带负荷试运行，将变压器负载逐渐投入，至半负载时停止加载，进行运行观察，符合安全运行后，再进行满负荷调试运行。

三、变压器试验

新装电力变压器试验的目的是：验证变压器性能是否符合有关标准和技术条件的规定；制造上是否存在影响运行的各种缺陷；在交接运输过程中是否遭受损伤或性能发生变化。

变压器试验应由具有试验资质的试验室进行，试验项目及试验结果应符合《电气装置安装工程电气设备交接试验标准》的规定。

电力变压器的试验项目，应包括下列内容：

①绝缘油试验或 SF_6 气体试验。

②测量绕组连同套管的直流电阻。

③检查所有分接头的变压比。

④检查三相变压器的结线组别和单相变压器引出线的极性。

⑤测量与铁芯绝缘的各紧固件（连接片可拆开者）及铁芯（有外引接地线的）的绝缘电阻。

⑥非纯瓷套管的试验。

⑦有载调压切换装置的检查和试验。

⑧测量绕组连同套管的绝缘电阻、吸收比或极化指数。

⑨测量绕组连同套管的介质损失角正切值 $\tan\delta$。

⑩测量绕组连同套管的直流泄漏电流。

⑪变压器绕组变形试验。

⑫绕组连同套管的交流耐压试验。

⑬绕组连同套管的长时感应电压试验带局部放电试验。

⑭额定电压下的冲击合闸试验。

⑮检查相位。

⑯测量噪声。

第二节　高压开关设备安装

10 kV 变配电所所用高压开关设备主要是断路器、负荷开关、隔离开关和熔断器等。这些开关设备在多数情况下是根据配电系统的需要与其他电气设备组合，安装在柜子内，形成各种型号的成套高压开关柜。因此，在施工现场碰到的多是成套配电柜的安装和这些开关设备的调整。

一、高压断路器安装调整

建筑内 10 kV 变配电所使用的高压断路器有少油断路器、空气断路器、真空断路器及六氟化硫断路器等。

（一）少油断路器的安装调整

10 kV 少油断路器安装时，对制造厂规定不做解体且有具体保证的可不做解体检查，安装固定应牢靠，外表清洁完整；电气连接应可靠且接触良好；油位正常，无渗油现象。

断路器导电部分，应符合下列要求：

①触头的表面应清洁，镀银部分不得锉磨；触头上的铜钨合金不得有裂纹、脱焊或松动。

②触头的中心应对准，分、合闸过程中无卡阻现象，同相各触头的弹簧压力应均匀一致，合闸时触头接触紧密。

③接线端子的紧固件应符合现行国家标准《电气装置安装工程母线装置施工及验收规范》的有关规定。

弹簧缓冲器或油缓冲器应清洁、固定牢靠、动作灵活、无卡阻回跳现象，缓冲作用良好；油缓冲器注入油的规格及油位应符合产品的技术要求。油标的油位指示应正确、清晰。

油断路器和操动机构连接时，其支撑应牢固，且受力均匀；机构应动作灵活，无卡阻现象。断路器和操动机构的联合动作，应符合下列要求：

①在快速分、合闸前，必须先进行慢分、合的操作。

②在慢分、合过程，应运动缓慢、平稳，不得有卡阻、滞留现象。

③产品规定无油严禁快速分、合闸的油断路器，必须充油后才能进行快速分、合闸操作。

④机械指示器的分、合闸位置应符合油断路器的实际分、合闸状态。

⑤在操作调整过程中应配合进行测量检查行程、超行程、相间和同相各断口间接触的同期性以及合闸后，传动机构杠杆与止钉间的间隙。

手车式少油断路器的安装还应符合以下要求：

①轨道应水平、平行，轨距应与手车轮距相配合，接地可靠，手车应能灵活轻便地推入或拉出，同型产品应具有互换性。

②制动装置应可靠，且拆卸方便，手车操动时应灵活、轻巧。

③隔离静触头的安装位置准确，安装中心线应与触头中心线一致，接触良好，其接触行程和超行程应符合产品的技术规定。

④工作和试验位置的定位应准确可靠，电气和机械联锁装置动作应准确可靠。

（二）真空断路器安装与调整

真空断路器安装与调整，应符合下列要求：

①安装应垂直，固定应牢靠，相间支持瓷件在同一水平面上。

②三相联动连杆的拐臂应在同一水平面上，拐臂角度一致。

③安装完毕后，应先进行手动缓慢分、合闸操作，无不良现象时方可进行电动分、合闸操作。

断路器的导电部分，应符合下列要求：

①导电部分的可挠铜片不应断裂，铜片间无锈蚀，固定螺栓应齐全紧固。

②导电杆表面应洁净，导电杆与导电夹应接触紧密。

③导电回路接触电阻值应符合产品技术要求。

测量真空断路器的行程、压缩行程及三相同期性，应符合产品技术规定。

（三）断路器操动机构的安装

断路器所用操动机构有手动机构、气动机构、液压机构、电磁机构及弹簧机构等。各种类型操动机构的安装都有其特殊的要求，但均要符合以下规定：

①操作机构固定应牢靠，底座或支架与基础间的垫片不宜超过 3 片，总厚度不应超过 20 mm，并与断路器底座标高相配合，各片间应焊牢。

②操动机构的零部件应齐全，各转动部分应涂以适合当地气候条件的润滑脂。

③电动机转向应正确。

④各种接触器、继电器、微动开关、压力开关及辅助开关的动作应准确可靠，接点应接触良好，无烧损或锈蚀。

⑤分、合闸线圈的铁芯应动作灵活，无卡阻。

⑥加热装置的绝缘及控制元件的绝缘应良好。

二、隔离开关和负荷开关安装调整

（一）开关安装前的检查

开关安装前的检查，应符合下列要求：

①开关的型号、规格、电压等级等与设计相符。

②接线端子及载流部分应清洁，且接触良好，触头镀银层无脱落。

③绝缘子表面应清洁，无裂纹、破损、焊接残留斑点等缺陷，瓷铁黏合应牢固。

④操动机构的零部件应齐全，所有固定连接部件应紧固，转动部分应涂以适合当地气候的润滑脂。

安装前除对开关本体进行以上检查外，还要对安装开关用的预埋件（螺栓或支架）进行检查。要求螺栓或支架埋设平正、牢固。

（二）开关安装

其安装步骤如下：

用人力或其他起吊工具将开关本体吊到安装位置（开关转轴中心线距地面高度一般为2.5 m），并使开关底座上的安装孔套入基础螺栓，找正找平后拧紧螺母。当在室内间隔墙的两面，以共同的双头螺栓安装隔离开关时，应保证其中一组隔离开关拆除时，不影响另一侧隔离开关的固定。拧紧螺母时，要注意防止开关框架变形，否则操作时会出现卡阻现象。

安装操动机构。户内高压隔离开关多配装拉杆式手动操动机构。操动机构的固定轴距地面高度一般为1~1.2 m。

将操动机构固定在事先埋设好的支架上，并使其扇形板与装在开关转轴上的轴臂在同一平面上。

配制延长轴。当开关转动轴需要延长时，可采用同一规格的圆钢（一般多为 $\varphi30$ mm

圆钢）进行加工。延长轴用轴套与开关转动轴相连接，并应增设轴承支架支撑，两轴承的间距不得大于 1 m，在延长轴末端约 100 mm 处应安装轴承支架。延长轴、轴承、轴套、中间轴轴承及拐臂等传动部件，安装位置应正确，固定应牢靠。

配装操作拉杆。操作拉杆应在开关处于完全合闸位置、操动机构手柄到达合闸终点处装配。拉杆两端采用直叉型接头分别和开关的轴臂、操动机构扇形板的舌头连接。拉杆的内径应与操动机构轴的直径相配合，两者间的间隙不应大于 1 mm，连接部分的销子不应松动。

操作拉杆一般采用直径为 20 mm 的焊接钢管制作（一般不用镀锌管）。拉杆应校直，但当它与带电部分的距离小于《电气装置安装工程母线装置施工及验收规范》中规定的安全距离时允许弯曲，但应弯成与原杆平行。

将开关底座及操动机构接地。

（三） 开关调整

开关本体和操动机构安装后，应进行联合调试，使开关分、合闸符合质量标准：

拉杆式手动操动机构的手柄位于上部极限位置时，应是隔离开关或负荷开关的合闸位置；反之，应是分闸位置。

将开关慢慢分闸。分闸时要注意触头间的净距应符合产品的技术规定。如不符合要求，可调整操作拉杆的长度或改变拉杆在扇形板上的位置。

将开关慢慢合闸，观察开关动触头有无侧向撞击现象。如有，可改变固定触头的位置，以使刀片刚好进入插口。合闸后触头间的相对位置、备用行程应符合产品的技术规定。

三相联动的隔离开关，触头接触时，不同期值应符合产品的技术规定。当无规定时，其不同期允许值不大于 5 mm。超过规定时，可调整中间支撑绝缘子的高度。

触头间应接触紧密，两侧的接触压力应均匀，用 0.05 mm×10 mm 的塞尺检查，对于线接触应塞不进去。对于面接触，其塞入深度：在接触表面宽度为 50 mm 及以下时，不应超过 4 mm；在接触表面宽度为 60 mm 及以上时，不应超过 6 mm。触头表面应平整、清洁，并应涂以薄层中性凡士林。

负荷开关的调整除应符合上述规定外，还应符合下列要求：

①在负荷开关合闸时，主固定触头应可靠地与主刀刃接触，应无任何撞击现象。分闸时，手柄向下转约 150°时，开关应自动分离，即动触头抽出消弧腔时，应突然以高速跳出，之后仍以正常速度分离，否则须检查分闸弹簧。

②负荷开关的主刀片和灭弧刀片的动作顺序是：合闸时灭弧刀片先闭合，主刀片后闭合；分闸时，则是主刀片先断开，灭弧刀片后断开，且三相的灭弧刀片应同时跳离固定灭弧触头。合闸时，主刀片上的小塞子应正好插入灭弧装置的喷嘴内，不应剧烈地碰撞喷嘴。

③灭弧筒内产生气体的有机绝缘物应完整无裂纹；灭弧触头与灭弧筒的间隙应符合要求。

开关调整完毕，应经 3~5 次试操作，完全合格后，将开关转轴上轴臂位置固定，所有螺栓拧紧，开口销分开。

第三节　成套配电柜安装

一、配电柜的类型

配电柜可分为高压配电柜和低压配电柜。

高压配电柜习惯称为高压开关柜，有固定式和手车式（移开式）两大类型。手车式高压开关柜如 GCO-10（F）型，其特点是，高压断路器等主要电气设备是装在可以拉出和推入开关柜的小车上。断路器等设备需要检修时，可随时将小车拉出，然后推入同类型备用小车，即可恢复供电。

另外，我国也有一些不同型号的产品，如 KGN 口-10（F）型固定式金属铠装开关柜、KYND-10（F）型移开式金属铠装开关柜、JYND-10（F）型移开式金属封闭间隔型开关柜。

低压配电柜习惯称为低压配电屏，有固定式和抽屉式两大类型。使用比较多的产品有 PGL2 型、GGL 型、GGD 型、GHL 型等，已完全取代了原来的 BSL 型和 BDL 型，还将有新型产品出现。

二、配电柜的安装

（一）基础型钢制作安装

配电柜（屏）的安装通常是以角钢或槽钢作为基础。为便于今后维修拆换，则多采用槽钢。

埋设之前应将型钢调直，除去铁锈，按图纸要求尺寸下料钻孔（不采用螺栓固定者不钻孔）。型钢的埋设方法，一般有下列两种：

一是随土建施工时在混凝土基础上根据型钢固定尺寸，先预埋好地脚螺栓，待基础混凝土强度符合要求后再安放型钢。也可在混凝土基础施工时预先留置方洞，待混凝土强度符合要求后，将基础型钢与地脚螺栓同时配合土建施工进行安装，再在方洞内浇注混凝土。

二是随土建施工时预先埋设固定基础型钢的底板，待安装基础型钢时与底板进行焊接。型钢埋设应符合表 5-1 的规定。型钢顶部宜高出室内抹平地面 10 mm，手车式柜应按产品技术要求执行，一般宜与抹平地面相平。

表 5-1　配电柜（屏）基础型钢埋设允许偏差

项目	允许偏差	
	mm/m	mm/全长
不直度	<1	<5
水平度	<1	<5
位置误差及不平行度	—	<5

注：环形布置按设计要求。

（二）配电柜的搬运和检查

搬运配电柜（屏）应在较好天气进行，以免柜内电器受潮。在搬运过程中，要防止配电柜倾倒，且应采取防震、防潮、防止框架变形和漆面受损等安全措施，必要时可将装置性设备和易损元件拆下单独包装搬运。

吊装、运输配电柜一般使用吊车和汽车。起吊时的吊绳角度通常小于 45°。配电柜放到汽车上应直立，不得侧放或倒置，并应用绳子进行可靠固定。

配电柜运到现场后应进行开箱检查。开箱时要小心谨慎，不要损坏设备。开箱后用抹布把配电柜擦干净，检查其型号、规格应与工程设计相符，制造厂的技术文件、附件、备件应齐全、无损伤。整个柜体应无机械损伤，柜内所有电器应完好。

仪表、继电器可从柜上拆下送交试验室进行检验和调校，等配电柜安装固定完毕后再装回。

（三）配电柜安装

在浇注基础型钢的混凝土凝固之后，即可将配电柜就位。就位时应根据图纸及现场条件确定就位次序，一般情况是以不妨碍其他柜（屏）就位为原则，先内后外，先靠墙处后靠入口处，依次将配电柜放在安装位置上。

配电柜就位后，应先调到大致的水平位置，然后再进行精调。当柜较少时，先精确地调整第一台柜，再以第一台柜为标准逐个调整其余柜，使其柜面一致、排列整齐、间隙均匀。当柜较多时，宜先安装中间一台柜，再调整安装两侧其余柜。调整时可在下面加垫铁（同一处不宜超过 3 块），直到满足表 5-2 的要求，才可进行固定。

表 5-2　盘、柜安装的允许偏差

项次	项目		允许偏差/mm
1	垂直度（每米）		<1.5
2	水平偏差	相邻两盘顶部	<2
		成列盘顶部	<5
3	盘面偏差	相邻两盘边	<1
		成列盘面	<5
4	盘间接缝		<2

配电柜的固定多用螺栓。若采用焊接固定时，每台柜的焊缝不应少于 4 处，每处焊缝长约 100 mm。为保持柜面美观，焊缝宜放在柜体的内侧。焊接时，应把垫于柜下的垫片也焊在基础型钢上。值得注意的是，主控制柜、继电保护盘、自动装置盘等不宜与基础型钢焊死。

装在振动场所的配电柜，应采取防震措施。一般是在柜下加装厚度约为 10 mm 的弹性垫。

成套柜的安装应符合下列要求：

第一，机械闭锁、电气闭锁应动作准确、可靠。

第二，动触头与静触头的中心线应一致，触头接触紧密。

第三，二次回路辅助开关的切换接点应动作准确，接触可靠。

第四，柜内照明齐全。

抽屉式配电柜的安装应符合下列要求：

第一，抽屉推拉应灵活轻便，无卡阻、碰撞现象，抽屉应能互换。

第二，抽屉的机械联锁或电气联锁装置应动作正确可靠，断路器分闸后，隔离开关才能分开。

第三，抽屉与柜体间的二次回路连接插件应接触良好。

第四，抽屉与柜体间的接触及柜体、框架的接地应良好。

手车式柜的安装应符合下列要求：

第一，防止电气误操作的"五防"装置齐全，并动作灵活可靠。

第二，手车推拉应灵活轻便，无卡阻、碰撞现象，相同型号的手车应能互换。

第三，手车推入工作位置后，动触头顶部与静触头底部的间隙应符合产品要求。

第四，手车和柜体间的二次回路连接插件应接触良好。

第五，安全隔离板应开启灵活，随手车的进出而相应动作。

第六，柜内控制电缆的位置不应妨碍手车的进出，并应牢固。

第七，手车与柜体间的接地触头应接触紧密。当手车推入柜内时，其接地触头应比主触头先接触，拉出时接地触头比主触头后断开。

（四）配电柜接地安装

配电柜的接地应牢固良好。每台柜宜单独与基础型钢做接地连接，每台柜从后面左下部的基础型钢侧面焊上鼻子，用不小于 6 mm² 铜导线与柜上的接地端子连接牢固。基础型钢是用 40×4 镀锌扁钢做接地连接线，在基础型钢的两端分别与接地网用电焊焊接，搭接面长度为扁钢宽度的 2 倍，且至少应在 3 个棱边焊接。

配电柜上装有电器的可开启的门，应以裸铜软线与接地的金属构架可靠地连接。成套柜应装有供检修用的接地装置。

三、配电柜上的电器安装

配电柜上电器的安装应符合下列要求：

①电器元件质量良好，型号、规格应符合设计要求，外观应完好，且附件齐全，排列整齐，固定牢固，密封良好。

②各电器应能单独拆装更换而不应影响其他电器及导线束的固定。

③发热元件宜安装在散热良好的地方；两个发热元件之间的连线应采用耐热导线或裸铜线套瓷管。

④熔断器的熔体规格、自动开关的整定值应符合设计要求。

⑤切换压板应接触良好，相邻压板间应有足够安全距离，切换时不应碰及相邻的压板；对于一端带电的切换压板，应使在压板断开情况下，活动端不带电。

⑥信号回路的信号灯、光字牌、电铃、电笛、事故电钟等应显示准确，工作可靠。

⑦盘上装有装置性设备或其他有接地要求的电器，其外壳应可靠接地。

⑧带有照明的封闭式盘、柜应保证照明完好。

四、柜上二次回路结线

（一）端子排的安装

端子排是用来作为所有交、直流电源及盘与盘之间转线时连接导线的元件。端子排的安装应符合下列要求：

①端子排应无损坏，固定牢固，绝缘良好。

②端子应有序号，端子排应便于更换且接线方便；离地高度宜大于 350 mm。

③回路电压超过 400 V 者，端子板应有足够的绝缘并涂以红色标志。

④强、弱电端子宜分开布置；当有困难时，应有明显标志并设空端子隔开或设加强绝缘的隔板。

⑤正、负电源之间以及经常带电的正电源与合闸或跳闸回路之间，宜以一个空端子隔开。

⑥电流回路应经过试验端子，其他须断开的回路宜经特殊端子或试验端子。试验端子应接触良好。

⑦潮湿环境宜采用防潮端子。

⑧接线端子应与导线截面匹配，不应使用小端子配大截面导线。

（二）二次回路结线

1. 配线

二次回路结线的敷设一般应在柜上仪表、继电器和其他电器全部安装好后进行。配线宜采取集中布线方式，即柜、盘上同一排电器的连接线都应汇集到同一水平线束中，各排水平线束再汇集成一垂直总线束，当总线束垂直向下走至端子排区域时，再按上述相反次序逐步分散至各排端子排上。柜内同一安装单位各设备可直接用导线连接，柜内与柜外回路的连接应通过端子排，柜内导线一般接端子排的内侧（端子排竖放）或上侧（端子排横放）。

敷线时，先根据安装接线图确定导线敷设位置及线夹固定位置，线夹间距一般为 150 mm（水平敷设）或 200 mm（垂直敷设），再按导线实际需要长度切割导线，并将其拉直。用一个线夹将导线的一端夹住，使其成束（单层或多层），然后逐步将导线沿敷设方向都用线夹夹好，并对导线进行修整，使线束横平竖直，按规定进行分列和连接。

所谓导线分列，是指导线由线束引出，并有顺序地与端子相连。分列的形式通常有下面几种：

当接线端子不多，而且位置较宽时，可采用单层分列法。为使导线分列整齐美观，一般分列时应从外侧端子开始，使导线依次装在相应的端子上。

当位置比较狭窄，且有大量导线需要接向端子时，宜采用多层分列法。

除单层和双层分列外，在不复杂的单层或双层配线的线束中，也可采用扇形分列法。此法接线简单，外形整齐。

在配电柜内，端子排一般垂直安装，此时，配线线束不管是单层还是多层，均应采用垂直分列法。

从线束引出的导线经分列后，将其接到端子上。接线时，应根据线束到端子的距离（包括弯曲部分）量好尺寸，剪去多余导线，然后用剥线钳或电工刀去掉绝缘层，清除线芯上的氧化层，套上标号，将线芯端部弯成一小圆环（弯曲方向应和螺钉旋转方向相同），套入螺钉将其紧固。

多股软导线接入端子时，导线末端一般应装设线鼻子（接线端子）。备用导线可卷成螺旋形放在其他导线的旁边，但端部不应与其他端子相碰。

2. 二次回路结线要求

按图施工，接线正确。导线与电气元件间采用螺栓连接、插接、焊接或压接等，均应牢固可靠，配线应整齐、清晰、美观，导线绝缘应良好，无损伤。

所配导线和电缆芯线的端部均应标明其回路编号。编号应正确，字迹清晰且不易脱色。

柜、盘内的导线不应有接头，导线芯线应无损伤。每个接线端子的每侧接线宜为一根，不得超过两根。对于插接式端子，不同截面的两根导线不得接在同一端子上；对于螺栓连接端子，当接两根导线时，中间应加平垫片。

为了保证必要的机械强度，柜、盘内的配线，电流回路应采用电压不低于 500 V 的铜芯绝缘导线，其截面不应小于 2.5 mm^2；其他回路截面不应小于 1.5 mm^2，对电子元件回路、弱电回路采用锡焊连接时，在满足载流量和电压降及有足够机械强度的情况下，可使用不小于 0.5 mm^2 的绝缘导线。

用于连接可动部位（门上电器、控制台板等）的导线还应满足下列要求：

①应采用多股软导线，敷设长度应有适当余量。

②线束应有加强绝缘层（如外套塑料管）。

③与电器连接时，端部应绞紧，并应加终端附件或搪锡，不得松散、断股。

④在可动部位两端应用卡子固定。

引进柜、盘内的控制电缆及其芯线应符合下列要求：

①引进柜、盘内的电缆应排列整齐，编号清晰，避免交叉，并应固定牢固，不得使所接的端子排受到机械应力。

②铠装电缆的钢带不应进入柜、盘内，铠装钢带切断处的端部应扎紧，并应将钢带接地。

③用于晶体管保护、控制等逻辑回路的控制电缆应采用屏蔽电缆。其屏蔽层应按设计要求的接地方式接地。

④橡皮绝缘芯线应用外套绝缘管保护。

⑤柜、盘内的电缆芯线，应按垂直或水平有规律地配置，不得任意歪斜交叉连接。备用芯线长度应留有适当余度。

⑥强、弱电回路不应使用同一根电缆，并应分别成束分开排列。

3. 二次结线绝缘电阻测量及交流耐压试验

绝缘电阻测量及交流耐压试验方法，只是要注意对 48 V 及以下的回路应使用不超过 500 V 的兆欧表。对绝缘电阻值的要求是：小母线在断开所有其他并联支路时，不应小于 10 MΩ；二次回路的每一支路和断路器、隔离开关的操动机构的电源回路等，均不应小于 1 MΩ。在比较潮湿的地方，可不小于 0.5 MΩ。

交流耐压试验电压标准为 1 000 V。当回路绝缘电阻在 10 MΩ 以上时，可采用 2 500 V 兆欧表代替，试验持续时间为 1 min。一般情况下，若回路简单，可将所有回路进行一次耐压试验；若回路复杂，则须分开各回路并一一进行试验。48 V 及以下的回路可不做交流耐压试验。当回路中有电子元器件设备的，试验时应将插件拔出或将其两端短接。

试验时应注意：

①将各被试线路并联，以期各部分的设备和线路都能得到电压。

②若回路中有功率表和电度表，其电压线圈和电流线圈要同时加压（即将两线圈并联加压）。

③将回路中各接地线打开，所有熔断器全部拔出。

④将柜内通往信号装置的各小母线及联络线的端子解开，以防止在耐压时，电压从这些小母线串到别的柜上去。

⑤加压时，在升压到 500 V 时应仔细查看接线系统有无放电火花，判断无异常情况后，再将电压升高至 1 000 V，耐压 1 min。如试验中电流突然增加，电压下降，表示绝缘有接地，应立即停电，寻找故障。

⑥试压前后均须测绝缘电阻。

第四节　母线安装

10 kV 建筑内变电所母线类型有裸母线和封闭母线。母线可分为高压和低压两种，但其安装工艺基本相同，只是母线固定所用绝缘子有所不同。

一、高压支持绝缘子的安装

（一）户内支持绝缘子的型号

高压户内支持绝缘子（支柱绝缘子）用于额定电压 6～35 kV 户内电站、变配电所配电装置及电器设备，用以绝缘和固定支撑导电体。按其金属附件对瓷件的胶装方式，可分为内胶装、外胶装及联合胶装三种。所谓内胶装，是将金属附件装在瓷件孔内，与相同等级的外胶装（金属件装在瓷件之外）绝缘子相比，具有尺寸小、质量轻、电气性能好等优点，但对机械强度有所影响，因此，对机械强度要求高的场所，宜采用外胶装或联合胶装类型。所谓联合胶装，即上附件为内胶装，下附件为外胶装，兼收内外胶装之长。

（二）绝缘子安装前的检查

绝缘子安装前应进行外观检查，其规格、型号应符合设计要求，表面应无破损或裂纹，铁件表面应无锈蚀。如铁件已生锈应用汽油或煤油洗净。

除进行外观检查外，还应测量其绝缘电阻，其绝缘电阻值不应低于 500 MΩ。如做交流耐压试验，则可不测。做交流耐压试验可在母线安装完毕后一起进行，试验标准见表 5-3。试验持续时间 1 min。

表 5-3　高压支持绝缘子和穿墙套管交流耐压试验标准/ kV

额定电压/ kV		6	10	15	20	35
纯瓷和纯瓷充油绝缘	出厂试验	23	30	40	50	80
	交接试验	23	30	40	50	80
固体有机绝缘	出厂试验	23	30	40	50	80
	交接试验	21	27	36	45	72

（三）绝缘子安装

在变配电所中，支持绝缘子大多安装在墙上、金属支架上或混凝土平台上。安装时，需要根据绝缘子安装孔尺寸埋设螺栓或加工支架。

螺栓埋设位置要正确，且应垂直埋设。支架焊接应平正、孔眼位置正确且应钻成长形孔，以便于绝缘子的调整。整个支架的埋设应牢固平正。

安装时将绝缘子法兰孔套入基础螺栓或对准支架上的孔眼穿入螺栓，套上螺母拧紧即可。拧紧螺母时，应注意各个螺栓轮流均匀地拧紧，以防底座因受力不均而损坏。如果安装的绝缘子是在同一直线上时，一般应先安装首尾两个，然后拉一直线，再按此直线安装其他绝缘子，以保证各个绝缘子都在同一中心线上。

为使母线安装得平直和使每个绝缘子承受均匀的机械负荷，所有绝缘子的顶面应在同一平面上或垂直面上，其误差不应超过 3 mm。当不能满足此要求时，可以在绝缘子底座下面垫以垫片来调整，但垫片的厚度不应超过 5 mm。支持绝缘子的法兰盘均应接地。

安装绝缘子时应多加小心，尽量采取一些保护措施，避免将绝缘子损坏。安装完毕后，其底座、顶盖以及金属支架应刷一层绝缘漆，颜色一般为灰色。

二、WX-01 型绝缘子的安装

低压矩形母线固定用绝缘子为 WX-01 型。

在安装前首先应用填料将螺栓及螺帽埋入瓷瓶孔内。其填料可采用 425#（或 425# 以上）水泥和洗净的细沙掺和，其配合质量比为 1∶1。其具体做法是：把水泥和沙子均匀混合后，加入 0.5% 的石膏，加水调匀，湿度控制在用手紧抓能结成团但挤不出水为宜。瓷瓶孔应清洗干净，把螺栓和螺帽放入孔内，加放填料压实。

加工时，不要使螺栓歪斜，并要避免瓷瓶产生裂纹、破损等缺陷。瓷瓶的一面胶合好后，一般要养护 3 d。养护期间，不可在阳光下暴晒或产生结冰等现象，等填料干固后再用同样的方法胶合另一面孔中的螺栓。

胶合好的瓷瓶用布擦净，经检查无缺陷后，即可固定到支架上。固定瓷瓶时，应垫红钢纸垫，以防拧紧螺母时损坏瓷瓶。如果在直线段上有许多支架时，为使瓷瓶安装整齐，可先在两端支架的螺栓孔上拉一根细铁丝，再将瓷瓶顺铁丝依次固定在每个支架上。

低压矩形母线在绝缘子（WX-01 型）上的固定方法，通常有两种：第一种方法是用夹板，第二种方法是用卡板固定。后者只要把母线放入卡板内，将卡板扭转一定角度卡住母线即可。

三、高压穿墙套管的安装

高压穿墙套管用于工频交流电压为 35 kV 及以下电厂、变电站的配电装置或高压成套封闭式柜中，作为导电部分穿过接地隔板、墙壁及封闭式配电装置的绝缘、支持和与外部母线的连接。

高压穿墙套管按安装地点可分为户内型和户外型两大类，均由瓷套、安装法兰及导电部分装配而成。

变配电所中高压架空接户线均须采用穿墙套管。其安装方法一般有两种：一种方法是在施工时将螺栓直接预埋在墙上，并预留三个套管孔，将套管穿入孔洞直接固定在墙上。另一种方法是根据设计图纸，施工时在墙上预留一长方形孔洞，在孔洞内装设一角钢框架用以固定钢板。钢板上钻孔，将套管固定在钢板上。此种方法是最常用的方法。

安装时应注意下列七点：

第一，角钢框架要用混凝土埋牢，若安装在外墙上，其垂直面应略成斜坡，使套管安好后屋外一端稍低；若套管两端均在屋外，角钢框架仍需保持垂直，套管仍需水平，安装时法兰应在外。当套管垂直安装时，法兰应在上。

第二，安装套管的孔径应比嵌入部分至少大 5 mm 以上。当采用混凝土安装板时，其最大厚度不得超过 50 mm。

第三，额定电流在 1500 A 及以上穿墙套管直接固定在钢板上时，套管周围不应成闭合磁路。

第四，600 A 及以上母线穿墙套管端部的金属夹板（紧固件除外）应采用非磁性材料，其与母线之间应有金属相连，接触应稳固，金属夹板厚度不应小于 3 mm。当母线为两片及以上时，母线本身间应予以固定。

第五，角钢框架必须良好接地，以防发生意外事故。

第六，套管表面应清洁无裂纹或破碎现象，应做交流耐压试验。

第七，套管的中心线应与支持绝缘子中心线在同一直线上，尤其是母线式套管更应注意，否则母线穿过时会发生困难，同时也不美观。

四、低压母线过墙板安装

低压母线过墙时要经过过墙隔板。目前过墙隔板多由塑料板做成，分上下两部分，塑料板开槽，母线由槽中通过。

过墙板安装应在母线敷设完成之后，由上下两块合成，安装好后缝隙不得大于 1 mm，过墙板缺口与母线应保持 2 mm 空隙。固定螺栓时，应垫橡皮垫圈或石棉纸垫圈，每个螺栓应同时拧紧，以免受力不均而损坏过墙板。

低压母线过墙板的安装也可采用类似穿墙套管安装的方法，即预留墙洞埋设角钢框架，将过墙板用螺栓固定在角钢框架上，当然角钢框架也应做接地处理。

五、矩形硬裸母线安装

矩形硬裸母线在变配电所中通常作为配电母线，用于变电所中各级电压配电装置的连接，以及变压器等电气设备和相应配电装置的连接。在大型车间中作为配电干线，以及在电镀车间作为载流母线。

矩形硬母线的安装工序主要包括母线的矫正、测量、下料、弯曲、钻孔、接触面加工、连接、安装和涂漆等。

（一）母线加工

1. 加工前的检查

母线在进行加工前，首先应按照施工图纸对母线的材质与规格进行检查，均应符合设计要求。外观母线表面应光洁平整，不得有裂纹、折叠及夹杂物。当母线无出厂合格证件或资料不全时，或对材质有怀疑时，应按表5-4的要求进行检查。

表5-4　母线的机械性能和电阻率

母线名称	母线型号	最小抗拉强度 / $(N \cdot mm^{-2})$	最小伸长率/%	20℃时最大电阻率 / $(\Omega \cdot mm^2 \cdot m^{-1})$
铜母线	TMY	255	6	0.017 77
铝母线	LMY	115	3	0.029 0
铝合金管母线	$LF_{21}Y$	137	—	0.037 3

2. 母线矫正

安装前必须对母线进行矫正。矫正的方法有手工矫正和机械矫正两种。手工矫正是把母线放在平台上或平直的型钢上，用硬木锤直接敲打平直，也可以用垫块（铜、铝、木垫块）垫在母线上，用铁锤间接敲打平直，敲打时用力要均匀适当，不能过猛，否则会引起变形。不准用铁锤直接敲打。对于截面较大的母线，可用母线矫正机进行矫正。将母线的不平整部分，放在矫正机的平台上，然后转动操作手柄，利用丝杆的压力将母线矫正。

3. 母线测量

施工图纸一般不标出母线的加工尺寸，因此，施工人员在下料前，应到现场测量母线的实际安装尺寸，然后在平台上画出大样或用8#铁丝做出样板，作为切割和弯曲母线的依据。所用测量工具有卷尺、角尺、线锤等。如在两个不同垂直面上装设一段母线，可先在两个绝缘子与母线接触面的中心各放一线锤，用尺量出两线锤间的距离，及两绝缘子中心线间的距离。

在测量母线加工尺寸和下料时，要合理使用母线原有长度，避免浪费。

4. 母线切割

切割母线时，先按预先测得的尺寸，用铅笔在矫正好的母线上画好线，然后再进行切割，切割工具可用钢锯、手动（电动）剪切机或电动无齿锯（型钢切割机）。用钢锯切割母线，虽然工具轻比较方便，但工作效率低。大截面的切割则可用电动无齿锯，工作效率高，操作方便。切割时，将母线置于锯床的托架上，然后接通电源使电动机转动，慢慢压下操作手柄，边锯边浇水，用以冷却锯片，一直到锯断为止。

母线切割严禁使用电弧或乙炔气，以保证切断面平整、无毛刺。为了切割尺寸准确，对要弯曲的母线，可留适当余量或在母线弯曲后再进行切割。

母线切割后最好立即进行下一工序，否则应将母线平直地堆放起来，防止弯曲及碰伤。如截下来的母线规格很多，可用油漆编号分别存放，以利施工。

5. 母线弯曲

母线安装，除必要的弯曲外，应尽量减少弯曲。矩形硬母线的弯曲应使用专用工具进行冷弯，不得进行热弯。弯曲形式有平弯、立弯、扭弯三种。

母线弯制时，应符合下列规定：

一是母线开始弯曲处距最近绝缘子的母线支持夹板边缘不应大于 0.25 L，但不得小于 50 mm。

二是母线开始弯曲处距母线连接位置不应小于 50 mm。

三是母线弯曲处不得有裂纹及明显的褶皱。弯曲半径不得小于表 5-5 所列数值。母线扭转时，其扭转部分的长度应为母线宽度的 2.5~5 倍。

表 5-5 矩形硬母线最小允许弯曲半径（R）值

项目	弯曲种类	母线断面尺寸/mm	最小弯曲半径/mm		
			铜	铝	钢
1	平弯	50×5 及以下	$2b$	$2b$	$2b$
		125×10 及以下	$2b$	$2.5b$	$2b$
2	立弯	50×5 及以下	$1a$	$1.5a$	$0.5a$
		125×10 及以下	$1.5a$	$2a$	$1a$

注：a——母线宽度；b——母线厚度。

四是多片母线的弯曲度应一致。

母线平弯，可用平弯机弯曲，操作简便，工效高。弯曲时，提起手柄，将母线穿在平弯机两个滚轮之间。校正好后，拧紧压力丝杠，将母线压紧，然后慢慢压下手柄，使母线弯曲。操作时，不可用力过猛，以免母线产生裂缝。当母线弯曲到一定程度时，可用事先做好的样板进行一次复核，以达到合适的弯曲角度。对于小型母线，也可以用台虎钳弯曲，弯曲时，先在钳口上垫上铝板或硬木，再将母线置于钳口中并夹紧，然后慢慢扳动母线，使其达到合适的弯曲。

母线立弯，可用立弯机。将母线需要弯曲部分放在立弯机的夹板上，再装上弯头，拧紧夹板螺钉，校正无误后，操作千斤顶，将母线顶弯。立弯的弯曲半径不能过小，否则会产生裂痕和褶皱。

母线扭弯，可用扭弯器。先将母线扭弯部分的一端夹在台虎钳上，钳口和母线接触处要适当保护，以免钳口夹伤母线。母线另一端用扭弯器夹住，然后双手抓住扭弯器手柄用力扭动，使母线弯曲达到需要的形状为止。

（二）母线连接

矩形硬母线连接应采用焊接、贯穿螺栓连接或夹板及夹持螺栓搭接。

1. 搭接

首先将母线在平台上调直，选择较平的一面作为基础面进行钻孔。钻孔前根据孔距尺寸，先在母线上画出孔位，并用尖凿（俗称冲子）在孔中心冲出印记，用电钻钻孔。孔径一般不应大于螺栓直径 1 mm，钻孔应垂直，孔与孔中心距离的误差不应大于 0.5 mm。钻好孔后，应将孔口的毛刺除去，使其保持光洁。母线搭接长度为母线宽度，搭接面下面的母线应弯成平弯。搭接面表面要除去氧化膜并保持清洁，涂上电力复合脂，用精制的镀锌紧固件（螺栓、螺母、垫圈）压紧，保证接触严密可靠。当母线平置时，贯穿螺栓应由下往上穿，其余情况下，螺母应置于维护侧，螺栓长度宜露出螺母 2~3 扣。贯穿螺栓连接的母线两外侧均应有平垫圈，相邻螺栓垫圈间应有 3 mm 以上的净距，螺母侧应装有弹簧垫圈或锁紧螺母。连接螺栓应用力矩扳手紧固，其紧固力矩值应符合表 5-6 的规定。

表 5-6　矩形母线搭接要求

螺栓规格	力矩值/（N·m）
M8	8.8~10.8
M10	17.7~22.6
M12	31.4~39.2
M14	51.0~60.8
M16	78.5~98.1
M18	98.0~127.4
M20	156.9~196.2

矩形母线采用螺栓搭接时，连接处距支柱绝缘子的支持夹板边缘应不小于 50 mm，上片母线端头与下片母线平弯开始处的距离应不小于 50 mm。

母线与母线及母线与电器接线端子搭接，搭接面的处理应符合下列规定：

①铜与铜：室外、高温且潮湿的室内，搭接面搪锡；干燥的室内，不搪锡。

②铝与铝：搭接面不做涂层处理。

③钢与钢：搭接面搪锡或镀锌。

④铜与铝：在干燥的室内，铜导体搭接面搪锡；在潮湿场所，铜导体搭接面搪锡，且采用铜铝过渡板与铝导体连接。

⑤钢与铜或铝：钢搭接面搪锡。

2. 焊接

母线焊接的方法很多，常用的有气焊、碳弧焊和氩弧焊等方法。在母线加工和安装前，根据施工条件和具体要求选择适当的焊接方法，应尽量采用氩弧焊。

母线焊接前，应将母线坡口两侧表面各 50 mm 范围内用钢丝刷清刷干净，不得有油垢、斑疵及氧化膜等；坡口加工面应无毛刺和飞边。

焊接时对口应平直，其弯折偏移不应大于 1/500；中心线偏移不得大于 0.5 mm，施焊时，每个焊缝应一次焊完，除瞬间断弧外不准停焊。母线焊完未冷却前，不得移动或受力。焊接所用填充材料的物理性能和化学成分应与原材料一致。对接焊缝的上部应有 2~4 mm 的加强高度。引下线母线采用搭接焊时，焊缝的长度不应小于母线宽度的 2 倍。接头表面应无肉眼可见的裂纹、凹陷、缺肉、气孔及夹渣等缺陷；咬边深度不得超过母线厚度的 10%，且其总长度不得超过焊缝总长度的 20%。

为了确保焊缝质量，在正式焊接之前，焊工应经考试合格。考试用试样的焊接材料、接头形式、焊接位置、工艺等均应与实际施工时相同。所焊试件可任取一件进行检查。其合格要求：

①焊缝表面不应有凹陷、裂纹、未熔合、未焊透等缺陷。

②焊缝应采用 X 光无损探伤，其质量检验应按有关标准的规定执行。

③铝母线焊接接头的平均最小抗拉强度不得低于原材料的 75%。

④焊缝直流电阻应不大于同截面、同长度的原金属的电阻值。

凡有其中一项不合格时，则应加倍取样重复试验，如仍不合格时，则认为考试不合格。母线对接焊缝设置部位应符合下列规定：离支持绝缘子母线夹板边缘不小于 50 mm；母线宜减少对接焊缝；同相母线不同片上的对接焊缝，其错开位置应不小于 50 mm。

（三）母线安装的要点

当母线支架安装好后，用螺栓将支持绝缘子固定在支架上，并进行调整，达到要求后即可安装母线。

六、封闭插接母线安装

封闭插接母线具有传输电流密度大，绝缘程度高，供电可靠、安全，装置通用性、互换性强，配电线路延伸和改变方向灵活，安装维护、检修方便等特点，越来越多地方用于变配电所、工厂车间和高层建筑中。

封闭插接母线是把铜（铝）母线用绝缘夹板夹在一起，用空气绝缘或包缠绝缘带绝缘，装置于钢板外壳内。它有单相二线制、单相三线制、三相三线制、三相四线制及三相五线等多种制式，可根据需要选用。封闭母线本身结构紧凑，可根据现场实际情况定尺寸，按施工图订货和供应，到现场后，可以比较方便地将母线槽组装成线路整体。

（一）支架的制作与安装

母线用支架的形式是由母线的安装方式决定的。一般母线的安装方式分为垂直式、水平侧装式、水平悬吊式等。其常用支架的形式有一字形、口形、L形、T字形及三角形等。支架可由厂家根据用户需要配套供应，也可以现场自行加工制作。

制作支架应按设计和产品技术文件的规定及施工现场结构类型，采用角钢、扁钢或槽钢制作，并应做好防腐处理。

支架的安装应视建筑结构和支架形式决定，可以直接埋设在墙上或采用膨胀螺钉固定，也可以采用抱箍固定或采用吊杆吊装。

母线支架安装位置应根据母线敷设需要固定。母线直线段水平敷设时，支架间距不宜大于 2 m；母线拐弯处及与箱（盘）连接处应设置支架。垂直敷设的母线在通过楼板处应采用专用附件支撑，进线盒及末端悬空时，应用支架固定。

（二）封闭插接母线安装

1. 封闭母线安装要求

封闭插接母线适用于干燥和无腐蚀性气体的室内场所。母线水平安装时，至地面的距离不应小于 2.2 m；垂直安装时，距地面 1.8 m 以下部分应采取防止机械损伤措施，但敷设在电气专用房间（如配电室、电机室、电气竖井、技术层等）时除外。支座必须安装牢固，母线应按分段图、相序、编号、方向和标志正确放置，每相外壳的纵向间隙应分配均匀。母线与外壳间应同心，其误差不得超过 5 mm，段与段连接时，两相邻段母线及外壳应对准，连接后不应使母线及外壳受到机械应力。

封闭母线不得用裸钢丝绳起吊和绑扎，母线不得任意堆放和在地面上拖拉，外壳上不得进行其他作业，外壳内和绝缘子必须擦拭干净，外壳内不得有遗留物。

橡胶伸缩套的连接头、穿墙处的连接法兰、外壳与底座之间、外壳各连接部位的螺栓应采用力矩扳手紧固，各接合面应密封良好。

2. 封闭母线水平安装

封闭母线在不同形式上的支、吊架上水平安装。母线水平安装在支、吊架上放置方式有平卧式和侧卧式两种，均用压板固定。平卧式安装用平压板固定，侧卧式安装用侧卧式压板固定，压板均由厂家配套供应。平卧式压板用 M8×45 六角螺栓固定，侧卧式压板用 M8×20 六角螺栓固定，在螺母一侧均应使用 φ8 平垫圈和弹簧垫圈。

3. 封闭母线垂直安装

封闭母线沿墙垂直安装可使用口形支架。封闭母线垂直穿楼板安装使用弹簧支架时，先将弹簧支承器安装在母线槽上，然后将母线槽安装在预先设置的槽钢支架上。弹簧支承器的作用是固定母线槽并承受每楼层母线槽重。只有每段长度在 1.3 m 以上的母线槽才能安装弹簧支承器。安装弹簧支承器时，应事先考虑好母线连接头的位置，一般要求在穿过楼板垂直安装时，须保证母线的接头中心高于楼板面 700 mm。

4. 封闭母线的连接

封闭母线连接应严格按前述安装要求去做，通常是采用具有高绝缘、耐电弧、高强度的绝缘板 8 块隔开各导电排以完成母线的插接，然后用覆盖环氧树脂的绝缘螺栓紧固，以确保母线连接处的绝缘可靠。

母线段与段连接时，先将连接盖板取下，将两段母线槽对插起来，再将连接螺栓和绝缘套管穿过连接孔，用力矩扳手将连接螺栓拧紧。一般可用 0.05 mm 塞尺检验，塞入深度应不超过 10 mm。两相邻段的母线及外壳应对准，母线与外壳间应同心，误差不超过规范规定。母线插接紧固后，将连接盖板盖上，两段母线槽即已连接好。

封闭母线的连接头位置应错开母线支架，母线的连接不应在穿过楼板或墙壁处进行。

封闭插接母线与低压配电屏连接，应在母线终端使用始端进线箱（进线保护箱）连接，进线箱与配电屏之间使用过渡母线进行连接。

封闭插接母线与设备间连接，应在母线插接分线箱处明敷设钢管至设备接线箱（盒）内，钢管两端应套丝，在箱（盒）壁内外各用扁螺母（根母）、护口将管与箱（盒）紧固。由设备接线盒（箱）至设备电控箱一段可使用普利卡金属软管或金属蛇皮管敷设。

（三）封闭插接母线接地

封闭插接母线的接地形式各有不同，安装中应认真辨别。

一般封闭式母线的金属外壳仅作为防护外壳，不得作为保护接地干线（PE 线）用，但外壳必须接地。每段母线槽间应用不小于 16 mm² 的编织软铜带跨接，使母线槽外壳互相连成一体。

也有的利用壳体本身做接地线，即当母线连接安装后，外壳已连通成一个接地干线，外壳处焊有接地铜垫圈供接地用。

也有的带有附加接地装置，即在外壳上附加 3×25 裸铜带。每个母线槽间的接地带通过连接组成整体接地带。插接箱通过其底部的接地接触器，自动与接地带接触。

还有一种半总体接地装置。接地金属带与各相母线并列，在连接各母线槽时，相连槽的接地铜带自动紧密结合。当插接箱各插座与铜排触及时，通过自身的接地插座先与接地带牢靠接触，确保插接箱及以后的线路和设备可靠接地。

在 TN-S 系统中，如采用四线型母线槽，则应另外敷设一根接地干线（PE 线）。每段封闭插接母线外壳应与接地干线有良好的电气连接。

无论采用什么形式接地，均应连接牢固，防止松动，但严禁焊接。封闭母线外壳应与专用保护线（PE 线）连接。

第五节　互感器安装

在供配电系统中，使用互感器的目的在于扩大测量仪表的量程和使测量仪表与高压电路绝缘，以保证工作人员的安全，并能避免测量仪表和继电器直接受短路电流的危害，同时也可使测量仪表、继电器等规格统一。

一、互感器分类

互感器按用途可分为电压互感器和电流互感器两大类。

（一）电压互感器

电压互感器的构造原理与小型电力变压器相似。原绕组为高压绕组，匝数较多；副绕组为低压绕组，匝数较少。各种仪表（如电压表、功率表等）的电压线圈皆彼此并联地与副绕组相接，使它们都受同一副边电压的作用。为使测量仪表标准化，电压互感器的副边额定电压均为 100 V。

电压互感器按其绝缘形式可分为油浸式、干式和树脂浇注式等；按相数可分为单相和三相；按安装地点可分为户内式和户外式。

(二) 电流互感器

电流互感器的原绕组匝数甚少（有的直接穿过铁芯，只有一匝），而副边绕组匝数较多，各种仪表（如电流表、功率表等）的电流线圈皆彼此串联接在副绕组回路中，使它们都通过同一大小的电流。为使仪表统一规格，电流互感器副边额定电流大多为 5A。

由于各种仪表电流线圈的阻抗很小，因此，电流互感器的运行状态和电力变压器的短路情况相似。

电流互感器的类型很多。按安装地点可分为户内式和户外式；按原边绕组的匝数，可分为单匝式和多匝式；按整体结构及安装方法可分为穿墙式、母线式、套管式及支持式；按一次电压高低可分为高压和低压；按准确度级可分为 0.2、0.5、1、3、10 五个等级；按绝缘形式可分为瓷绝缘、浇注绝缘、树脂浇注及塑料外壳等。

二、互感器安装的要点

(一) 电压互感器安装

电压互感器一般多装在成套配电柜内或直接安装在混凝土台上。装在混凝土台上的电压互感器要等混凝土干固并达到一定强度后，才能进行安装工作，且应对电压互感器本身做仔细检查。但一般只做外部检查，如经试验判断有不正常现象时，则应做内部检查。

电压互感器外部检查可按下列各项进行：

第一，互感器外观应完整，附件应齐全，无锈蚀或机械损伤。

第二，油浸式互感器油位应正常，密封应良好，无渗油现象。

第三，互感器的变比分接头位置应符合设计规定。

第四，二次接线板应完整，引出端子应连接牢固，绝缘良好，标志清晰。

油浸式互感器安装面应水平，并列安装的互感器应排列整齐，同一组互感器的极性方向应一致，二次接线端子及油位指示器的位置应位于便于检查的一侧。具有均压环的互感器，均压环应装置牢固、水平，且方向正确。

接线时应注意，接到套管上的母线，不应使套管受到拉力，以免损坏套管，并应注意接线正确：

第一，电压互感器二次侧不能短路，一般在一、二次侧都应装设熔断器作为短路保护。

第二，极性不应接错。

第三，二次侧必须有一端接地，以防止一、二次线圈绝缘击穿，一次侧高压串入二次侧，危及人身及设备的安全。互感器外壳亦必须妥善接地。

（二）电流互感器安装

电流互感器的安装应视设备配置情况而定，一般有下列三种情况：

第一，安装在金属构架上（如母线架上）。

第二，在母线穿过墙壁或楼板的地方，将电流互感器直接用基础螺栓固定在墙壁或楼板上，或者先将角钢做成矩形框架，埋入墙壁或楼板中，再将与框架同样大小的钢板（厚约 4 mm）用螺栓固定在框架上，然后将电流互感器固定在钢板上。

第三，安装在成套配电柜内。

电流互感器在安装之前亦应像电压互感器一样进行外观检查，符合要求之后再进行安装。安装时应注意下面五点：

①电流互感器安装在墙孔或楼板孔中心时，其周边应有 2~3 mm 的间隙，然后塞入油纸板以便于拆卸，同时也可以避免外壳生锈。

②每相电流互感器的中心应尽量安装在同一直线上，各互感器的间隔应均匀一致。

③零序电流互感器的安装，不应使构架或其他导磁体与互感器铁芯直接接触，或与其构成分磁回路。

④当电流互感器二次线圈的绝缘电阻低于 10 MΩ~20 MΩ 时，必须干燥，使其恢复绝缘。

⑤接线时应注意不使电流互感器的接线端子受到额外拉力，并保证接线正确。对于电流互感器应特别注意：极性不应接错，避免出现测量错误或引起事故；二次侧不应开路，且不应装设熔断器；二次侧的一端和互感器外壳应妥善接地，以保证安全运行。备用的电流互感器的二次绕组端子也应短路后接地。

互感器安装结束后即可进行交接试验，试验合格后即可投入运行。

第六节　并联电容器安装

一、并联电容器的结构

电容器由外壳和芯子组成。外壳用薄钢板密封焊接而成，外壳盖上装有出线瓷套，在两侧壁上焊有供安装的吊耳。一侧吊耳上装有接地螺栓。

芯子由若干个元件和绝缘件叠压而成。元件用电容器纸或膜纸复合或纯薄膜作介质、铝铂作极板卷制而成。为适应各种电压，元件可接成串联或并联。

电容器内部设有放电电阻，电容器自电网断开时能自行放电。一般情况下 10 min 后即可降至 75 V 以下。

二、并联电容器的安装

并联电容器在电力系统中的装设位置，有高压集中补偿、低压集中补偿和单独就地补偿三种方式。高压 10 kV 母线上的集中补偿设高压电容器室，当电容器组容量较小时，可设置在高压配电室内，电容器组采用三角形接线，装在成套的高压电容器柜内。低压集中补偿多使用低压电容器柜，安装在低压配电室内（只有电容器柜比较多时才考虑单设房间）。电容器柜的安装与配电柜的安装完全一样。但应注意对电容器的检查和接线。

（一）电容器安装前的检查

电容器安装之前应首先核对其规格、型号，应符合设计要求。外表无锈蚀，且外壳应无凹凸缺陷，所有接缝均不应有裂缝或渗油现象。出线套管芯棒应无弯曲或滑扣现象；引出线端连接用的螺母、垫圈应齐全。

若检查发现有缺陷或损伤的应更换或修理，但在检查过程中不得打开电容器油箱。

（二）电容器的安装

在安装电容器时，首先应根据每个电容器铭牌上所示的电容量按相分组，应尽量将三相电容量的差值调配到最小，其最大与最小的差值不应超过三相平均电容值的 5%，设计有要求时，应符合设计的规定，然后将电容器放在构架上。电容器构架应保持其应有的水平及垂直位置，固定应牢靠，油漆应完整。电容器水平放置行数一般为一行，同一行电容器之间的距离一般不应小于 100 mm；上下层数不得多于 3 层，上、中、下 3 层电容器的安装位置要一致，以保证散热良好，切忌层与层之间放置水平隔板，避免阻碍通风。

电容器的放置应使其铭牌面向通道一侧，并应有顺序编号。

电容器端子的连接线应符合设计要求，接线应对称一致，整齐美观。电容器组与电网连接可采用铝母线，但应注意连接时不要使电容器出线套管受到机械应力。最好将母线上的螺栓孔加工成椭圆长孔，以便于调节。母线及分支线应标以相色。

凡不与地绝缘的每个电容器的外壳及电容器的构架均应接地；凡与地绝缘的电容器外壳应接到固定电位上。

三、并联电容器的试验

并联电容器安装完毕，在投入运行之前必须进行绝缘电阻测量、工频交流耐压试验和冲击合闸试验。

（一）测量绝缘电阻

并联电容器的绝缘电阻应在电极对外壳之间进行测量，绝缘电阻值不做规定。

（二）工频交流耐压试验

并联电容器电极对外壳的工频交流耐压试验电压值应符合表5-7的规定。当产品出厂试验电压值与表5-7所列标准不符时，应按其出厂试验电压值的75%进行交接试验。

表5-7 并联电容器交流耐压试验电压标准

额定电压/kV	<1	1	3	6	10	15	20	35
出厂试验电压/kV	3	5	18	25	35	45	55	85
交接试验电压/kV	2.2	3.8	14	19	26	34	41	63

（三）冲击合闸试验

在电网额定电压下进行3次，熔断器不应熔断，且电容器组各相电流相互间的差值不宜超过5%。

第七节　蓄电池组安装

蓄电池作为二次回路的直流操作电源，常使用在高压配电装置中。常用蓄电池主要有铅酸蓄电池和镉镍蓄电池。铅酸蓄电池由于在充电时要排出氢和氧的混合气体，有爆炸危险，而且随着气体带出硫酸蒸气，有强腐蚀性，对人身健康和设备安全都有很大影响，所以已很少使用。而镉镍蓄电池除不受供电系统运行情况的影响、工作可靠外，还有大电流放电性能好、功率大、机械强度高、使用寿命长、腐蚀性小等优点；可组装于屏内，配以测量、监察、信号等装置，组成镉镍电池直流屏，与其他柜（屏）同置于控制室内。因此，在供电系统中应用比较普遍。下面主要介绍镉镍蓄电池的安装。

一、镉镍蓄电池安装前的检查

蓄电池组的安装应按已批准的设计进行施工。蓄电池运到现场后，应在规定期限内做验收检查，并应在产品规定的有效保管期限内进行安装和充电。安装前应按下列要求进行外观检查：

第一，蓄电池外壳应无裂纹、损伤、漏液等现象。清除壳表面污垢时，对用合成树脂制作的外壳，应用脂肪烃、酒精擦拭，不得用芳香烃、煤油、汽油等有机溶剂清洗。

第二，蓄电池的正、负极性必须正确，壳内部件应齐全无损伤，有孔气塞通气性能应良好。

第三，连接条、螺栓及螺母应齐全，无锈蚀。

第四，带电解液的蓄电池，其液面高度应在两液面线之间，防漏运输螺塞应无松动、脱落。

二、镉镍蓄电池组的安装

镉镍蓄电池组的安装要求如下：

第一，蓄电池放置的平台、基架及间距应符合设计要求。

第二，蓄电池安装应平稳，同列电池应高低一致，排列整齐。每个蓄电池应在其台座或外壳表面用耐碱材料标明编号。

第三，连接条及抽头的接线应正确，接头连接部分应涂以电力复合脂，螺母应紧固。

第四，有抗震要求时，其抗震设施应符合有关规定，并牢固可靠。

三、电解液的配制和灌注

配制电解液应采用符合现行国家标准的 3 级，即化学纯度的氢氧化钾（KOH）和蒸馏水或去离子水。所用器具均为耐腐蚀器具。

配制是应先将蒸馏水倒入容器，再将碱慢慢倾入水中，严禁将水倒入碱中。配制好的电解液应加盖存放在容器内沉淀 6 h 以上，取其澄清液或过滤液使用。对电解液有怀疑时应化验，应符合表 5-8 所规定的标准。

表 5-8 碱性蓄电池用电解液标准

项目	新电解液	使用极限值
外观	无色透明，无悬浮物	/
密度	1.19~1.25（25 ℃）	1.19~1.21（25 ℃）
含量	KOH240~270 g/L	KOH240~270 g/L
Cl^-	<0.1 g/L	<0.2 g/L
CO_2	<8 g/L	<50 g/L
Ca·Mg	<0.1 g/L	<0.3 g/L
氨沉淀物 Al/KOH	<0.02%	<0.02%
Fe/KOH	<0.05%	<0.05%

电解液注入蓄电池时应注意：

1. 电解液温度不宜高于 30 ℃；当室温高于 30 ℃时，不得高于室温。

2. 注入蓄电池的电解液的液面高度应在两液面线之间。

蓄电池注入电解液之后，宜静置 1~4 h 方可进行初充电。

四、镉镍蓄电池充放电

由于各制造厂规定的碱性蓄电池初充电的技术条件有一定差异，故蓄电池的初充电应按产品的技术要求进行，并应符合下列要求：

①充电电源应可靠。

②室内不得有明火。因在充电期间，特别是在过充时，电解液中的水被电解，放出氢气和氧气，为防止爆炸，故规定室内不得有明火。

③装有催化栓的蓄电池应将催化栓旋下，待初充电全过程结束后重新装上。催化栓的作用是将蓄电池放出的氢和氧生成水再返回电池本体去，以达到少维护的目的，但它处理氢、氧的能力是按浮充方式时设计的，故初充电时要取下，否则会损坏壳体。

④带有电解液并配有专用防漏运输螺塞的蓄电池，初充电前应取下运输螺塞换上有孔气塞，并检查液面不应低于下液面线。

⑤充电期间电解液的温度宜为（20±10）℃；当电解液的温度低于 5 ℃或高于 35 ℃时，不宜进行充电。

当蓄电池初充电时间达到产品技术条件规定的时间，充入容量和电压也达到产品技术条件的规定，即可认为充电结束。

蓄电池初充电结束后，应按产品技术条件规定进行容量校验，高倍率蓄电池还应进行倍率试验，并应符合下列要求：

①碱性蓄电池在初充电时要经过多次充放电循环才能达到额定容量。一般在5次充、放电循环内，放电容量在（20±5）℃时应不低于额定容量。当放电且电解液初始温度低于15℃时，放电容量应按制造厂提供的修正系数进行修正。

②用于有冲击负荷，如断路器的操作电源的高倍率蓄电池倍率放电。在电解液温度为（20±5）℃条件下，以0.5 Cs电流值先放电1 h情况下，继以6 Cs电流值放电0.5 s，其单体蓄电池的平均电压应为：超高倍率蓄电池不低于1.1 V；高倍率蓄电池不低于1.05 V。

③按0.2 Cs电流值放电终结时，单体蓄电池的电压应符合产品技术条件的规定，电压不足1.0 V的电池数不应超过电池总数的5%，且最低不得低于0.9 V。

蓄电池充电结束后，电解液的液面会发生变化。为保证蓄电池的正常使用，需要蒸馏水或去离子水将液面调整至上液面线。

在整个充放电期间，应按规定时间记录每个蓄电池的电压、电流及电解液温度和环境温度，并绘制整组充、放电特性曲线，供以后维护时参考，同时也作为技术资料移交运行单位。

五、镉镍蓄电池安装质量检验

镉镍蓄电池安装质量的检验包括：蓄电池台架安装、蓄电池安装、电解液的配制及蓄电池试运，可分别参照表5-9和表5-10所列项目对应检查。

表5-9　蓄电池台架安装

工序	检验项目	性质	质量标准	检验方法及器具
水泥台架检查	表面耐酸瓷砖检查	不主要	完整、无破损	观察检查
	表面平整度	不主要	无高低不平现象	
	瓷砖间缝隙填料	不主要	耐酸材料，无漏缝、裂纹	
	外形尺寸	不主要	按设计规定	对照设计图检查
	台架水平误差	不主要	≤±5 mm	拉线检查

工序	检验项目	性质	质量标准	检验方法及器具
厂制台架安装	外形尺寸	不主要	按制造厂规定	对照厂家图检查
	台架油漆	不主要	完整、无剥落	观察检查
	安装方式	不主要	按制造厂规定	
	台架固定	主要	牢固	扳动检查
	台架水平误差	不主要	≤±5 mm	拉线检查

表 5-10　蓄电池安装

工序	检验项目		性质	质量标准	检验方法及器具
容器检查	外观检查		不主要	无损伤、裂纹	观察检查
	附件清点		不主要	齐全	
	正负极端柱的极性		主要	正确	
	槽盖密封		不主要	良好	
	容器表面清洁度		不主要	无尘土油污	
	电池连接条及紧固件		不主要	完好、齐全	
	透明密封容器内部检查	带电解液的液面	主要	在两液面线间	观察检查
		极板外形	主要	完好、无弯曲剥脱	
		容器内部清洁度	不主要	清洁，无杂物	
		极间橡胶隔板	不主要	齐全、完好	
		密度计、温度计检查	不主要		
容器安装	容器安装		主要	平衡，间距均匀	观察及用尺检查
	同一排、列蓄电池		不主要	高低一致，排列整齐	
	抗震设施（有抗震要求时）		不主要	按有关规定，牢固可靠	轻推手感
	温度计、密度计、液位计		不主要	位于易检查侧	观察检查
	连接条与端子连接		主要	正确、紧固，接触部位涂有电力复合脂	用扳手检查
	电池编号		不主要	齐全、清晰	观察检查
其他	电缆与蓄电池连接		主要	正确、紧固	扳手检查
	电缆引出线极性标志		主要	正确	观察检查
	电缆孔洞封堵		不主要	用耐酸材料密封	观察检查

第八节　变配电系统调试

为了保证新安装的变配电装置安全投入运行和保护装置及自动控制系统的可靠工作，除对单体元件进行调试外，还必须对整个保护装置及各自动控制系统进行一次全面的调试工作。

调试人员在系统调试前，应熟识各种保护装置和自动控制系统的原理图；了解安装总体布置、设计意图及保护动作整定值等，以做到胸有成竹，有助于调试工作的顺利进行。

10 kV 变配电系统的调试工作主要是对各保护装置（过流保护装置、差动保护装置、欠压保护装置、瓦斯保护装置及零序保护装置等）进行系统调试和进行变配电系统的试运行。

一、系统调试前的检查

（一）一般检查

此项工作主要是用肉眼从外部观察各种装置的相互关系是否与图纸相符，保护装置的工作状况是否合理，装置之间的连接是否有误等。其主要检查内容如下：

①检查保护装置与其他盘箱的距离是否符合要求。

②信号继电器有无装置在受振动的地方，致使在油断路器分、合闸时，因振动而造成误动作。

③接线的排列是否合理，接线标志是否齐全，每个接线螺钉下是否都有弹簧垫圈。

④逐一检查各接线板、元件、设备上的接线螺钉是否全部拧紧，不可忽视。因为有时事故往往出现在螺丝松动、接触不良上。

⑤查对二次回路接线是否正确。当为多层配线或隐蔽配线，直接观察难以发现问题时，应采用导通法按原理图进行校对。应特别注意电流互感器二次回路不得有开路现象，电压互感器二次回路不得有短路现象。

⑥总回路、分支回路等各处装设的熔断器是否良好，熔体容量是否符合要求。

⑦检查各限位开关、安全开关和转换开关等是否处在正常位置，手动检查各控制器、继电器，其动作应灵敏可靠。

⑧变电所内应清扫干净，无用的调试仪器、设备等均应撤离现场，柜内应无遗留的工具、杂物等。

（二）二次回路的检验

二次回路结线检查试验项目通常包括下列六项：柜内检查；柜间联络电缆的检查；操作装置的检查；二次电流回路和电压回路的检查；绝缘电阻测量及交流耐压试验；操作试验。

二次结线的检查和试验要有系统地进行，如检查某台变压器的二次结线，则凡属此变压器的全部接线，不论其安装位置在哪里，都应系统地检查。在检查校验时，必须熟悉全部有关图纸，并应依据原理图（展开图）进行。

1. 柜内检查

柜内检查首先应依据安装图将柜内两侧的端子排逐一查对，看有无缺少；导线及端子的标号是否正确；应有的连接片是否齐备；再核对柜内所装设的各种仪表、继电器和操作器具等有无缺少、规格是否符合设计、安装位置是否正确。然后进行校线，用校线小电灯泡或用万能表对柜内各设备间的连线及由柜内设备引至端子排上的连线逐一检查。校线时为防止因并联回路而造成错误，须视实际情况，将被查部分的一端解开检查。

检查控制开关时，必须将开关转动至各个位置逐一检查。最后用万用表检查所有控制及保护回路的导通情况是否良好。

2. 柜间联络电缆的检查

柜与柜之间的联络多以电缆为主，这些电缆需要逐一校对。方法是可用 A 端小灯泡，一头接在要校对的电缆芯线上，另一头经过电池接到电缆的铅皮上；B 端小灯泡一头接到电缆的铅皮上，另一头接在要校对的芯线上，若此线为 A 端所接芯线，双方灯亮。依此校对完毕。

如果电缆没有铅皮，又没有可靠的通路可以利用，则在试第一根缆芯时，必须利用其他回路。

当第一根缆芯导通后，它就可被用在后面的检验中作为两灯泡的共同通路。

3. 操作装置的检查

回路中所有的操作装置都应进行检查，主要是检查内部接线是否正确，校验辅助接点的动作是否灵活正确，以导通法进行分段检查和整体检查。

检查时应注意拔去柜内熔断器的熔管，将与被测线路并联的回路一一打开。检查应用万用表，不能用兆欧表，因为兆欧表不易发现接触不良或电阻变值。

4. 二次电流回路和电压回路的检查

简单的二次电流回路，电流互感器的变化一般较小。试验时接通电源，调节单相调压器，使一次电流为互感器额定电流的 40% 以上，读取各电流表的读数，检查电流互感器接线是否正确。

二次电压回路的检查，最好是将二次线自互感器解离，然后从二次线端通入低压 100 V 的电源进行检查。检查时可根据二次电压回路的具体情况，检查相序，检查保护装置和信号装置的动作以及表计的指示等。

二、电流继电保护装置系统调试

将二次回路检验时所拆下的接线恢复到原来位置。试验开始，首先送入操作电源，然后合上油断路器，此时合闸指示灯（红灯）亮。拆开电流互感器二次侧保护回路端子，并将其接入电流发生器的 x 和 x_1 两端。合上开关，调节自耦变压器 T，使电流升到过流整定值，电流继电器 KA 接点闭合，断路器应立即跳闸，红灯熄，绿灯亮。如装有信号继电器，则过流信号掉牌，蜂鸣器或电铃响。重复试验几次，动作一致，即可认为分闸动作正常。

用小电流整组试验只能逐相进行，最好是在电流互感器一次侧送入大电流进行模拟系统试验。

三、欠电压保护装置系统调试和计量仪表整组试验

当电力系统发生短路时，除了电流显著增大以外，另一特点是母线电压下降，且故障点越近，电压下降越甚。母线处短路，则残余电压为零。为了使母线以外的其他引出线短路时保护装置不致误动作，通常装设电流闭锁装置。这种保护装置的选择性通常由电流与电压互相配合取得。在故障发生时电流增大，电流继电器动作，同时电压降落使电压继电器接点闭合，中间继电器接通，使断路器跳闸。

试验时将电压互感器上部的熔断器取下，隔离开关拉开。用三相调压变压器从电压互感器次级线圈回路中 a、b、c 三相送入 100 V 电压，使电压继电器接点打开，同时采用大电流法进行过电流保护装置试验的接线送入整定电流值，并将三相电压降低到欠压继电器的整定电压值，使接点闭合，中间继电器动作，断路器即跳闸。

利用上述试验方法，断路器不要合闸，用两只三相调压变压器、一只调节三相电压至 100 V，另一只调节三相电流至 5 A，进行计量仪表的电压表、电流表等的整组试验，以检验三相有功、无功电度表及盘上电压表、电流表是否良好。如果三相电度表不转动或转动缓慢，可能是线路接错，若转动正常而反转，只要将电流相线换接即可。无功电度表应该不会转动，这是因为没有无功功率损耗的关系。

四、零序电流保护系统调试

变压器低压侧采用"变压器—干线式"供电，其二次侧出线至低压切断电器的距离较长时，发生单相接地短路的可能性较大一些。通常在低压侧中性线上装设专门的零序电流保护装置，作为单相接地保护。当三相负荷对称运行时，中性线上没有电流或只有很小的不对称电流。当发生单相接地故障时，将造成三相电流严重不平衡。系统中产生较大的零序电流通过零序电流互感器，使得接在零序电流互感器二次回路中的继电器动作，接通跳闸回路使断路器跳闸或给出信号。

零序电流保护系统试验可利用一根穿过零序电流互感器的绝缘导线作为一次线圈。调节自耦调压器 T 使电流上升至继电器动作，此时电流表所指示的数值即为零序电流保护装置的一次动作电流。

五、变配电系统试运行

在对各种继电保护装置整组试验以及对计量回路、自动控制回路等通电检验之后，确认保护动作可靠、接线无误，即可进行系统试运行。

（一）模拟试运行

在一次主回路不带电的情况下，对所有二次回路输入规定的操作电源，以模拟运行方式进行故障动作，检查其工作性能。

在电压互感器二次回路中，输入三相 100V 电压，闭合直流小母线各分支回路开关，并将直流电源调到 220 V 和 48 V，投入中央信号屏和主控屏，使信号继电器指示牌在复原状态。由主控屏上的主控开关操作开关柜，进行分闸和合闸试验各 5 次以上，断路器应动作可靠。有关的辅助开关、接点、信号灯、隔离开关闭锁机构等应工作正常，无卡阻、失控现象。依次进行各开关柜内断路器的分合闸试验。

用手动闭合速断保护和过电流保护继电器的常开接点，使断路器准确跳闸；重合闸继电器又能顺利地进行重合闸，并且每次合闸成功，同时中央信号屏均能发出相应的信号。

在主回路母线上，输入正常运行电流时，各测量仪表应正确指示，读数无误。当输入电流达到继电器保护整定值，降低电压达到欠电压保护整定值时，有关继电器应动作，断路器应可靠跳闸。

再试验断路器的性能。将合闸操作直流电源从 220 V 升高到 253 V（为额定电压的 115% 以内），对各断路器进行合闸操作 5 次，均应合闸成功。合闸线圈与接点无局部过热现象。再将电压降低到 176 V（为额定电压 80%），同时也将 48 V 直流电压降至 38.4 V（为额定电压 80%），对各断路器进行 5 次分合闸操作，均应成功。

（二）带电试运行

变配电系统带电试运行应先进行 24 h 的空载试运行，运行无异常，再进行 24~72 h 的负载试运行，正常后即可交付使用。

1. 试运行前的准备工作

在模拟试运行的基础上，对所有二次回路再重复检查一遍，对已检验过的接线完全恢复原状。

检验一次设备，清擦设备、测量绝缘电阻、交流耐压试验、接线等应完全符合要求。

准备电气安全用具以及消防用具。

组织试运行领导小组，参加试运行人员要明确分工，各负其责，指定专人（有高压操作合格证者）操作高压分闸机构。

制订试运行方案，整个试运行要按方案进行。

预先与供电单位取得密切联系。

2. 空载试运行

一切准备就绪，先使直流操作电源输送到各小母线，投入中央信号屏。然后由操作人员按操作命令进行送电操作：闭合变电所进线隔离开关；闭合进线柜断路器，这时候应全面观察母线和其他设备有无不正常情况；暂时使进线断路器分闸，将电压互感器和避雷器柜的隔离开关闭合；再次闭合进线柜断路器，操作主控制屏上做绝缘监察的电压表的转换开关，在电压表上分别读取各相对地电压约为 6.7 kV 及线间电压约为 10.5 kV；再依次闭合每一开关柜上部的输入隔离开关，然后操作每一断路器合闸。

至此，试运行操作完毕，待空载运行 2~3 h 后，先断开进线断路器，后拉开进线隔离开关，装置好临时安全接地保护，全面检查所有线路接点和设备等有无局部发热、变压器有无特殊声音或其他不正常现象。如有不正常情况发生，查明原因处理后重新投入空载试运行至 24 h。

3. 负载试运行

在空载试运行 24 h 后，如无不正常情况，可切断高压电源，再重复检查一次所有设备和元件，认为正常后，再重新接通高压电源，并可分别合上各输出隔离开关，逐渐地增加负载至一定容量后，运行 24~72 h。无异常情况，即可认为系统调试符合要求，可以交付投产使用。

六、编写调试记录报告

调试工作是安装工程中的重要环节，在安装过程中可能存在的安装质量和设备性能缺陷等均能在调试中发现。因此，调试结果是变电所能否投入运行的依据，同时也是日后维修的重要依据。

调试人员应按交接试验规定项目，根据实际试验结果在试运行前整理编写完各类调试报告。每项调试结果均应由调试人员填写结论。总的系统调试报告由调试负责人提出结论性意见。

第六章　电气照明器具的安装

第一节　电气照明工程概述

一、照明方式、种类与供电方式

（一）照明方式

所谓照明方式是指照明设备按其安装部位或使用功能构成的基本制式。照明方式可分为一般照明、分区照明、局部照明和混合照明。

一般照明是不考虑特殊部位需要，为照亮整体场地设置的照明方式。照明器在整个场所和局部基本采用对称布置的方式，一般照明可获得均匀的水平照度。

根据房间工作面布置的实际情况和需要，将灯具集中或分组集中在工作区上方，使房间在不同被照面上产生不同的照度，称为分区一般照明。

为满足某些部位（通常是很小区域）特殊需要设置的照明方式则为局部照明，如仅限于工作面上的某个局部需要高照度的照明。而由一般照明与局部照明共同组成的照明就称为混合照明。

其适用原则应符合下列规定：

第一，当不适合装设局部照明或采用混合照明不合理时，宜采用一般照明。

第二，当某一工作区需要高于一般照明的照度时，可采用分区一般照明。

第三，对于照度要求较高，工作位置密度不大，且单独装设一般照明不合理的场所，宜采用混合照明。

第四，在一个工作场所内不应只装设局部照明。

（二）照明种类

照明种类可分为以下几类：正常照明、应急照明、值班照明、警卫照明和障碍照明。

其适用原则应符合下列规定：

1. 正常照明

正常照明为永久安装的、正常工作时使用的室内、外照明。它一般可单独使用，也可与事故照明、值班照明同时使用，但控制线路必须分开。

2. 应急照明

正常照明因故障熄灭后而启用的照明。包括备用照明、安全照明和疏散照明。

当正常照明因故障熄灭后，对需要确保正常工作或活动继续进行的场所，应装设备用照明；对需要确保人员安全的场所，应装设安全照明；当正常照明因故障熄灭后，对需要确保人员安全疏散的出口和通道，应装设疏散照明。

暂时继续工作用的备用照明，其工作面上的照度不低于一般照明照度的 10%；而安全照明的照度标准值，不应低于一般照明的 5%；疏散人员用的事故照明，主要通道上的照度不应低于 0.5lx。

3. 值班照明

在非工作时间内供值班人员用的照明。值班照明可利用正常照明中能单独控制的一部分或利用应急照明的一部分或全部。

4. 警卫照明

用于警卫地区周围的照明。应根据需要在警卫范围内装设。

5. 障碍照明

装设在飞机场四周的高大建筑物或有船舶航行的河流两岸的建筑上表示障碍标志用的照明。装设时应严格执行所在地区航空或交通部门的有关规定。

（三）照明供电方式

照明器的端电压偏移一般不高于其额定电压的 105%，也不宜低于额定电压的下列数值：

①对视觉要求较高的室内照明为 97.5%。

②一般工作场所的室内照明、露天工作场所照明为 95%，对于远离变电所的小面积工作场所允许降低到 90%。

③事故照明、道路照明、警卫照明及电压为 12~42 V 的照明为 90%（其中 12 V 电压适用于检修锅炉用的手提行灯，36 V 用于一般手提行灯）。

在一般小型民用建筑中照明负荷，线路电流不大于 30 A 时，进线电源电压可采用 220 V 单相供电。照明容量较大的建筑物，应采用 380/220 V 三相四线制供电。

正常照明供电方式一般可由电力与照明公用的 380/220 V 电力变压器供电。对于某些大型厂房或重要建筑物可由两个或多个不同变压器的低压回路供电。

对于容易触及而又无防止触电措施的固定式或移动式灯具，其安装高度距地面为2.2 m 及以下，且具有下列条件之一时，其使用电压不应超过 24 V：特别潮湿的场所；高温场所；具有导电灰尘的场所；具有导电地面的场所。

事故照明的供电方式，供继续工作用的事故照明应接于与正常照明不同的独立供电线路，或由与正常照明电源不同的 6~10 kV 线路供电变压器低压侧、自备快速起动发电机及蓄电池组供电。

供疏散人员或安全通行的事故照明，其电源可接在与正常照明分开的线路上，并不得与正常照明共享一个总开关。当只须装设单个或少量事故照明时，可使用成套应急照明灯。

（四）照明控制与常用控制电路

照明控制方式的选取主要取决于在安全条件下要便于管理维护，并注意节约电能。每个灯一般应单独开关或少数几个灯合用一个开关，以便灵活启闭。照明供电干线应装设带保护装置的总开关。室内照明开关应装在房间入口处以便控制，但在生产厂房内，宜按生产性质如工段、流水线等分区、分组集中于配电箱内控制。

照明回路的分组应考虑房间使用特点，通常是一路支线供几个房间用电。对于大型场所，当采用三相四线制供电时，应使各相负荷尽可能平衡。使用小功率光源的室内照明线路，每一单相回路电流一般不应超过 15 A，同时接用的灯头和插座总数不超过 25 个。但花灯、彩灯、多管荧光灯除外。插座宜单独设置分支回路。

为节约电能，大面积照明场所，与天然光采光窗相平行的照明器应单独予以控制，以充分利用天然采光。除流水线等狭长作业场所外，照明回路控制应以方形区域划分，并推广各种自动或半自动控灯装置，如定时开关、光控开关等以节约电能。

（五）接零与接地

为防止电击引起人身伤亡，照明设备和线路应采取保护接零（或接地）的措施。电气设备不带电的金属部分与接地中性线实行的电气连接称为接零，而电气设备不带电的金属部分与接地装置的电气连接称为接地。

各个照明设备接零（或接地）时，必须采用单独导线与中性线相连接，而不允许串联，以免其中一处接触不良或断开导致其他设备失去保护。在正常环境下，保护导线用钢管连接绝对可靠时，也可将其作为接零线。

使用有保护接零要求的中性线接地系统中，零线回路不得断开，故在用作接零的中性线上不能装设开关或熔断器，但允许装设能同时将相线与中性线断开的开关。

二、电气照明灯具

民用建筑照明中无特殊要求的场所，宜采用光效高的光源和效率高的灯具。开关频繁，要求瞬时亮起和连续调光等场所，宜采用白炽灯和卤钨灯光源。当悬挂高度在 4 m 及以下时，宜采用荧光灯；当悬挂高度在 4 m 以上时，宜采用高强气体放电灯；当不宜采用高强气体放电灯时，也可采用白炽灯。所有电气照明设备进场后，应进行验收检查。所使用的电气设备和器材均应符合国家或部委颁布的现行技术标准，并具备合格证和铭牌。各类灯具应有产品合格证；设备应有铭牌表明制造厂家、型号、规格，且型号规格必须符合设计要求，附件、备件应齐全完整。

照明灯具应优先选用配光合理、效率较高的灯具。在有爆炸和火灾危险场所使用的灯具，应符合现行国家标准和规范的有关规定。

灯具外形无机械损伤、变形、灯罩破裂、灯箱歪翘等现象，元器件无损坏情况；对有特殊要求的线路，应采用符合要求的线材或器件，如霓虹灯二次回路必须采用额定电压大于等于 15 kV 的高压尼龙绝缘导线。

（一）普通照明灯具及配件

1. 白炽灯灯泡

白炽灯为最早出现的第一代电光源，结构简单，主要由灯头、灯丝和玻璃壳组成，灯头结构又分为螺口式和插口式两种。白炽灯灯丝是用高熔点和高温蒸发率低的钨制成。当灯丝两端加上额定电压后，灯丝被通过的电流加热到白炽状态而发光。输入到灯泡的电能大部分转换成辐射能和热能，只有百分之几到百分之十几的电能转换成光能，发光效率较低。

白炽灯灯泡分为普通白炽灯和低压局部照明白炽灯。普通白炽灯型号为 PZ 型和 PQ 型，额定电压为 220 V，功率有 15 W、25 W、40 W、60 W、75 W、100 W、150 W、200 W、300 W 等几个等级。低压局部照明白炽灯电压等级有 6 V、12 V 和 3 6 V 三种，额定电压 6 V 的功率有 10 W、20 W；12 V 的功率有 10 W、15 W、20 W、25 W、30 W、40 W、60 W、100 W；36 V 的功率有 15 W、25 W、40 W、60 W、100 W。

2. 荧光灯及其他气体放电灯

荧光灯是一种应用广泛的电光源。普通荧光灯为热阴极预热式低压汞蒸气放电灯，与白炽灯相比具有发光效率高、省电、寿命长等优点。普通荧光灯管以直管式为主，由灯头、热阴极（灯丝）和内壁涂有荧光粉的玻璃管组成。因管内壁涂的荧光粉不同，荧光灯有日光色、泛白色、暖白色以及各种彩色光。荧光灯的附件主要有镇流器和辉光启动器，荧光灯及其附件必须配套使用，否则将损坏镇流器或灯管。

新型荧光灯有三基色荧光灯、环形荧光灯、双曲灯、H 形灯等。这些新型荧光灯大多数属于节能新型电光源。

荧光灯镇流器是荧光灯的主要附件。使用时可在照明装置以外单独安装，也可安装在照明器内部，镇流器用于启动灯管和控制灯管工作电流。

辉光启动器又称荧光灯继电器，是一种交流预热辉光式荧光灯专用继电器。内部的电容为密封油浸纸电容器，用于频率 50~60 Hz、额定电压 110~220 V 交流电路中，供荧光灯补偿功率因数。

住宅（公寓）照明宜选用以白炽灯、稀土节能荧光灯为主的照明光源。住宅（公寓）中的灯具，可根据厅、室的使用条件选用升降式灯具。起居室的照明宜考虑多功能使用要求，如设置一般照明、装饰台灯、落地灯等。高级公寓的起居室照明宜采用可调光方式。厨房的灯具应选用易于清洁的类型，如玻璃或搪瓷制品灯罩配以防潮灯口，并宜与餐厅（或方厅）用的照明光源显色性相一致或近似。选择卫生间的灯具安装位置时应避免安装在便器或浴缸的上面及其背后。

其他常用的气体放电光源主要有高压汞灯、高压钠灯、碘钨灯、金属卤化物灯等。其共同特点是光效高、省电、寿命长。常用于街道、广场、车站、工地等大面积照明场所。工作原理和具体参数详见气体放电灯安装。

3. 普通照明灯具安装配件

普通照明灯具安装配件主要有灯座、吊线盒和木台、膨胀螺栓等。

（1）灯座

灯具最基本组成部分是灯座。灯座可分为白炽灯座和荧光灯座。白炽灯座分为插口型和螺口型两种，插口型号为 DC，螺口灯座型号为 DE，荧光灯座型号为 JD。从安装形式上灯座一般分为平座式、吊式和管接式三种。平座式和吊式用于普通平座灯和吊线灯；管接式灯座用于吸顶灯、吊链灯和壁灯等成套灯具内。

对于灯座有如下要求：灯座绝缘应能承受 50 Hz、2 000 V 试验电压历时 1 min 而不发生击穿和闪络；螺口灯座在 E27/27-1 灯泡旋入时，人手应不能触及灯头和灯座带电部分；插口灯座两弹性触头被压缩到使用位置时总弹力为 15~25 N。

灯座通过 125% 的工作电流时，导电部分温升不应超过 40 ℃；胶木件表面应无气泡、裂纹、肿胀、明显的擦伤和毛刺，并有良好的光泽。

平座式灯座接线端子应能可靠连接 1~2 根截面面积为 0.5~2.5 mm^2 的导线，其他灯座能连接一根截面面积为 0.5~2.5 mm² 的导线，悬吊式灯座的接线端子当连接截面面积为 0.5~2.5 mm² 的导线后，应能承受 40 N 拉力；金属之间的连接螺纹有效连接圈数不应少于 2 圈，胶木之间连接螺纹的有效连接圈数不应少于 1.5 圈。

（2）吊线盒和木台

木台和吊线盒是安装吊灯所需的两种配件。木台一般为圆形，其规格大小按吊线盒和灯具的法兰选取，吊线盒安装在木台的中心。常用的吊线盒有胶木吊线盒、瓷质吊线盒和塑料吊线盒，带圆台的吊线盒是近年出现的新产品，可提高安装工效，节约木材。

（3）膨胀螺栓

膨胀螺栓（即沉头式胀管）和尼龙塞用于在砖或混凝土结构上固定灯具，使用膨胀螺栓紧固设备时，其规格与承载力应与被紧固的设备荷重相适应。安装塑料胀管前，先要在所需位置钻孔，孔洞大小应与胀管粗细相同，孔深应略大于胀管长度，孔内应清扫干净。用于紧固易受震动的设备时，应加弹簧垫圈。

（二）其他照明灯具

1. 霓虹灯

霓虹灯是一种艺术和装饰用灯光，广泛用于广告、宣传。霓虹灯由霓虹灯管和高压变压器组成。霓虹灯管是由直径 10~20 mm 玻璃管弯制而成，灯管两端各装一个电极，管内抽真空后再充入惰性气体作为发光介质，当电极上加上高电压后发射电子，激发管内惰性气体使之电离，使电路导通灯管发出彩色光。

2. 节日彩灯与景观照明

节日彩灯是在临街大型建筑物上，沿建筑物轮廓装设的彩色电灯，以便使晚上或节日期间能够增添节日气氛。彩灯装置有固定式和悬挂式两种，安装时应注意以下六方面：

第一，彩灯照明器布置的间距要适当，间距过大则失去连续性，不能成"线"，装饰效果不佳。一般间距的选取：较高建筑物不能超过 500 mm，较低建筑物不宜超过 400 mm，垂直安装的彩灯间距可取 600 mm 左右。

第二，彩灯灯泡功率不宜超过 15 W，每相回路负载的彩灯个数不宜超过 100 个。

第三，固定安装的彩灯宜采用定型的彩灯灯具，灯具底座应留有溢水孔，使雨水能够自然排出。安装在建筑物轮廓线上的彩灯还应考虑防风、防雷以及维修、更换等因素。

第四，非固定安装的彩灯，要注意导线的绝缘性、防水性，搭载辅线的强度和韧性。严禁随意搭接在高、低压动力或照明线路上，以免发生混路引发短路、火灾等事故。

第五，彩灯电源线用镀锌钢管从室内引出至屋面，引出的电源管应做防水弯头。

第六，彩灯应单独控制，不可与室外其他照明灯设在同一回路。

为观赏建筑物的外观和庭园、溶洞小景而设置的照明称为景观照明。如对耸立在主要街道或广场附近的重要高层建筑，采用景观照明可以在晚上突出建筑物轮廓、渲染气氛、美化城市。景观照明通常采用泛光灯，投光的设置应能充分表现建筑物或构筑物的特征，并能体现建筑物的立体感和艺术感。因此，安装时应注意以下四点：

第一，选择泛光灯安装位置时，要注意建筑物本身具有的特点，有条件时可使泛光灯离开建筑物一定距离，如果被照建筑物处于比较狭窄的街道，泛光灯可设置在建筑物本体上。在建筑物自身上设置照明灯具时，应使窗、墙上形成均匀的光幕效果。

第二，在离开建筑物的地面上安装泛光灯时，为能够得到较为均匀的亮度，灯与建筑物的距离不应小于建筑物高度的 1/10。整个建筑物或构筑物受照面的上半部的平均亮度宜为其下半部的 2~4 倍。在建筑物本体上安装泛光灯时，投光灯凸出建筑物的长度应在 0.7~1 m。低于 0.7 m 会使得被照面亮度不均，超过 1 m 时投光灯附近会出现暗角，使建筑物周边形成阴影。

第三，设置景观照明尽量不要从顶层向下投光照明，因为投光灯要伸出墙面一段距离，难以安装也影响建筑物立面的美观。

第四，景观照明控制电源箱可安装在所在楼层竖井内的配电小间里，控制景观照明启闭应由控制室和中央电脑统一管理。

3. 航空障碍标志灯

高空障碍灯是为防止飞机在航行中与建筑物或构筑物相撞的标志灯。一般高层建筑物应根据建筑物的地理位置、建筑高度及当地航空部门的要求，考虑是否装设航空障碍标志灯。航空障碍标志灯是为保证航空安全而设定，其供电电源应主体建筑中最高负荷等级要求供电，且宜采用自动通断其电源的控制装置。

航空障碍标志灯应装设在建筑物、构筑物的最高部位。当制高点平面面积较大或者为建筑群时，还应在其外侧转角处的顶端分别装设。

第二节　照明灯具的安装

一、照明灯具的安装要求

（一）灯具安装的一般要求

照明灯具的安装方式应按照设计图样的要求而定。如设计无规定时，一般要求如下：

①灯具的各种金属构件均应进行防腐处理，未做防腐处理的灯架，须涂樟丹油一道、油漆两道。

②灯泡容量在 100 W 以下时，可采用胶质灯口，100 W 及以上的和防潮封闭型灯具，应采用瓷质灯口。

③根据使用情况及灯罩型号不同，灯座可采用卡口或螺口。采用螺口灯时，线路的相线应接螺口灯的中心弹簧片，零线接于螺口部分。采用吊线螺口灯时，应在灯头盒和灯头处分别将相线做出明显标记，以便区分。

④采用瓷质或塑料自在器吊线灯时，一律采用卡口灯。

⑤软线吊灯的软线两端须挽好保险扣，吊链灯的软线应编叉在链环内。

⑥灯具内部配线应采用不小于 0.4 mm² 的导线。灯具的软线两端在接入灯口前，均应压扁并涮锡，使软线接线端与接线螺钉接触良好。

⑦室外灯具引入线路需做防水弯，以免水流入灯具内；灯具内可能积水的，应打好泄水眼。

⑧在危险性较大场所，灯具安装高度低于 2.4 m，电源电压在 36 V 以上的灯具金属外壳，必须做好接地、接零保护。

⑨灯具接地或接零保护，必须有灯具专用接地螺钉并加平垫圈和弹簧垫圈压紧。

⑩吊灯灯具的质量超过 3 kg 时，应预埋吊钩或螺栓；软线吊灯的质量限于 1 kg 以下，超过的应加吊链。固定灯具的螺钉或螺栓不得少于 2 个。

⑪采用梯形木砖固定壁灯时，木砖应随墙砌入，禁止用木楔代替。

⑫吸顶灯具采用木制底台时，应在底台与灯具之间铺垫石棉板或石棉布；在木制荧光灯架上装设镇流器时，应垫以瓷夹板隔热；木质吊顶内的暗装灯具及发热附件，均应在其周围用石棉板或石棉布做好防火隔热处理。

⑬轻钢龙骨吊顶内部装灯具时，原则上不能使轻钢龙骨荷重，凡灯具质量在 3 kg 以下的，可以在主龙骨上安装；3 kg 及以上的，必须预做铁件固定。

⑭各式灯具产品应符合相关技术要求。

⑮不同安装场所及用途，灯具配线最小截面面积应符合表 6-1 中的规定。采用钢管作为灯具吊杆时，钢管内径一般不小于 10 mm。

⑯每个照明回路的灯和插座总数不宜超过 25 个，且应有 15 A 及以下的熔丝保护。

⑰固定花灯的吊钩，其圆钢直径不应小于灯具吊挂销钉的直径，且不得小于 6 mm。

⑱安装在重要场所的大型灯具的玻璃罩，应有防止其碎裂后向下溅落的措施。

表 6-1　灯具配线最小允许截面面积

安装场所及用途		线芯最小截面面积/mm²		
		铜芯软线	铜芯导线	铝芯导线
照明用灯头线	民用建筑室内	0.4	0.5	1.5
	工业建筑室内	0.5	0.8	2.5
	室外	1.0	1.0	
移动式用电设备	生活用	0.2	—	
	生产用	1.0		

（二）灯具安装型式代号及附件

一般灯具安装配件参见表 6-2。

表 6-2　一般灯具安装配件表

安装形式		吊线灯	吊链灯	吊杆灯	吸顶灯	壁灯
标准代号		X	L	G	D	B
导线		RVV2×0.5	RVS2×0.5	—	—	—
吊盒或吊架		一般房间用胶质，潮湿场所用瓷质	金属吊盒		金属灯架	
灯口		100 W 以下用胶质灯口，潮湿房间及封闭式灯具用瓷质灯口				
木质或塑料底台	厚度/mm	20	25		30	
	油漆	四周先用防水漆刷一道，外表再刷白漆两道				
	固定方式　一般	采用螺钉固定，如用木螺钉时，应用塑料胀管或预埋木砖固定，固定螺钉不少于 2 个				
	固定方式　灯具质量超过 3 kg 时	按吊灯的安装，并结合具体情况施工				
金具	材料	用 0.5 mm 铁皮或 1.0 mm 厚的铝板制造；超过 100 W 的，应做通风孔				
	油漆	内表面喷银粉漆，外表面烤漆				

二、白炽灯的安装

白炽灯的安装方法常用于吊灯、壁灯、吸顶灯等灯具，并可安装成多种花灯组。

（一）绝缘台的安装

灯具安装时，有些灯具可以直接固定在建筑物的墙壁、梁、柱上，有时也需要安装在绝缘台上。绝缘台分为木台和塑料台，形状有圆形、方形等多种几何形状。绝缘台大小形状与灯具应适配，一般情况下绝缘台外圈尺寸比灯具的法兰或吊线盒、平灯座直径大 40 mm，厚度不应小于 20 mm，木台应完整无翘曲变形，油漆完整。用于室外或潮湿场所的木台与建筑物接触面上应刷防腐漆。塑料台应能抗老化、无脆裂，并具有足够的强度，受力后无翘曲变形。

绝缘台在建筑物表面安装固定方法，根据建筑结构形式和照明线路敷设方式不同而不同。在安装木制绝缘台前，应先用电钻钻好穿线孔，塑料台不需钻孔可直接固定灯具。

绝缘台固定时用螺钉或螺栓，不得使用圆钉固定。固定直径 100 mm 及以上绝缘台的螺钉不能少于 2 根；直径在 75 mm 及以下时可以用 1 根螺钉或螺栓固定。绝缘台安装完毕后应紧贴建筑物表面无缝隙，并安装牢固。塑料绝缘台与塑料接线盒、吊线盒配套使用。

混凝土屋面暗配线路，灯具绝缘台应固定在灯位盒的缩口盖上。安装在铁制灯位盒上的绝缘台，应用机械螺栓固定；混凝土屋面明配线路，应预埋木砖或打洞，使用木螺栓、尼龙塞或塑料塞固定绝缘台。空心楼板板孔穿线或板孔配管工程，应在板孔处打洞，放置铁板或塑料横杆，用 T 形螺栓或伞形螺栓固定木台。

如果绝缘台安装在木梁和木结构楼板上，可用木螺钉直接固定。在普通砖砌体上安装灯具绝缘台，也可采用预埋梯形木砖的方法固定。凡是预埋木砖，均应配合土建施工时埋入，不得采用打木楔的方法，以免影响安装的牢固性和可靠性。

（二）吊线灯的安装

软线吊灯由吊线盒、软线和吊式灯座及绝缘台组成。绝缘台规格大小按吊线盒或灯具法兰选取。吊线盒应固定在绝缘台中心，用不少于两个的螺钉固定。软线吊灯质量限于 1 kg 以下，当质量大于 1 kg 时，应采用吊链式或吊管式固定。

吊灯用的塑料软线（或花线）长度一般不超过 2 m，两端剥露线芯，把线芯拧紧后挂锡。软吊线带自在器的灯具，在吊线展开后，距离地面高度应不小于 0.8 m，并套塑料软管，且采用安全灯头。软线吊灯一般采用胶质或塑料吊线盒，在潮湿处应采用瓷质吊线盒。除敞开式灯具外，其他各类灯具灯泡容量在 100 W 及以上者也应采用瓷质灯头。

软线加工好后就可进行灯具组装，将吊线盒底与绝缘台固定牢固，电线套上保护用塑料管从绝缘台出线孔穿出，再将木台固定好。由于吊线盒接线螺钉不能承受灯具质量，为防止线芯接头受力，软线在吊线盒内应打保险结，使结扣处与吊线盒和灯座的出线孔处。然后将软线一端与灯座接线柱头连接，另一端与吊线盒的邻近隔脊的两个接线柱相连接，紧固好灯座螺口以及中心触点的固定螺钉，拧好灯座盖，准备到现场安装。

在暗配管路灯位盒上安装软线吊灯时，把灯位盒内导线由绝缘台穿线孔穿入吊线盒内，分别与底座穿线孔附近的接线柱相连接，把相线接在与灯座中心触点相连的接线柱上，零线接在与灯座螺口触点相连的接线柱上。导线连接好后，用木螺钉把绝缘台连同灯具固定在灯位盒的缩口盖上。明敷设线路上安装软线吊灯，在灯具组装时除了不需要把吊线盒底与绝缘台固定以外，其他工序均相同。

当灯具质量大于 1kg 时应采用吊链式或吊管式安装。吊链灯具由上下法兰、软线和吊式灯座灯罩或灯伞及绝缘台组成。灯具采用吊链式时，灯线宜与吊链编叉在一起，电线不应受力，采用吊管式时，当采用钢管做灯具吊杆时，其钢管内径一般不小于 10 mm，钢管壁厚度不应小于 1.5 mm；当吊灯灯具质量超过 3 kg 时，则应预埋吊钩或螺栓固定；花灯吊钩圆钢直径不应小于灯具挂销直径，且不应小于 6 mm，大型花灯的固定及悬吊装置，应按灯具质量的 2 倍做过载试验。

软线加工如前所述，软线的两端不需要打结。灯具组装时要拧下灯座将软线一端与灯座接线柱进行连接，然后把软线从灯具下法兰穿出，拧上灯座。再将软线相对交叉编入链孔内，最后穿入上法兰，准备现场安装。灯具现场安装时，灯具导线与电源线连接并包扎绝缘带，将灯具上法兰固定在绝缘台上即可。

（三）壁灯的安装

室内壁灯安装高度一般不应低于 2.4 m，住宅壁灯灯具安装高度不宜低于 2.2 m，床头灯不宜低于 1.5 m。壁灯可以装在墙上或柱子上，当装在墙上时，一般在砌墙时应预埋木砖，也可以采用膨胀螺栓或预埋金属构件，安装在柱子上时，一般在柱子上预埋金属构件或用抱箍将金属构件固定在柱子上，然后再将壁灯固定在金属构件上。安装壁灯如需要设置绝缘台时，应根据壁灯底座的外形选择或制作合适的绝缘台。

安装绝缘台时应将灯具一线一孔由绝缘台出线孔引出，在灯位盒内与电源线相连接，将接头处理好后塞入灯位盒内，把绝缘台对正后将其固定，绝缘台应紧贴建筑物表面，且不准歪斜，然后将灯具底座用木螺钉直接固定在绝缘台上。

如果灯具底座固定形式是钥匙孔式，则须事先在绝缘台适当位置拧好木螺钉，螺钉头部伸出绝缘台长度要适当，以防灯具松动。当灯具底座是插板式固定，则应将底板先固定在绝缘台上，再将灯具底座与底板插接牢固即可。

（四）吸顶灯的安装

普通白炽灯吸顶灯是直接安装在室内顶棚上的一种固定式灯具，形状多种多样，灯罩可用乳白色玻璃、喷砂玻璃、彩色玻璃等制成的各种形式的封闭体。较小的吸顶灯一般常用绝缘台组合安装，即先到现场安装绝缘台，再把灯具与绝缘台安装为一体。较大些的吸顶灯要先进行组装，然后再到施工现场安装。

顶棚为混凝土楼板情况，3 kg 以下的灯具安装时，应先把绝缘台固定在预埋木砖上，也可用膨胀螺栓固定。质量超过 3 kg 的吸顶灯，应把灯具直接固定在预埋螺栓上。在灯位盒上安装吸顶灯，灯具或绝缘台应能够完全遮住灯位盒，以免影响美观。

若在建筑装饰吊顶上安装吸顶灯时，3 kg 以下的轻型灯具应用自攻螺钉将灯具固定在龙骨上；当灯具质量超过 3 kg 时，应使用吊杆螺栓与设置在吊顶龙骨上的固定灯具的专用龙骨连接，专用龙骨也可使用吊杆与建筑物结构相连接。

若采用嵌入式吸顶灯时，小型嵌入式灯具一般安装在吊顶的顶板上。大型嵌入式灯具安装时，则应采用在混凝土、板中伸出支撑铁架、铁件的连接方法。

装有白灯灯泡的吸顶灯具，灯泡不应紧贴灯罩，当灯泡与绝缘台间距离小于 5 mm 时，灯泡与绝缘台间应采取隔热措施。

组合式吸顶花灯的安装应特别注意灯具与屋顶安装面连接的可靠性，连接处必须能够承受相当于灯具 4 倍重的悬挂而不变形。

（五）吊式花灯安装

花灯要根据设计要求和灯具说明书清点各个部件数量后进行组装，花灯内的接线一般采用单路或双路瓷接头连接。花灯均应固定在预埋的吊钩上，制作吊钩圆钢直径不应小于吊挂销钉的直径，且不得小于 6 mm。对于大型花灯的固定点和悬吊装置，应确保吊钩能承受超过 1.25 倍灯具质量并做过载试验，达到安全使用的目的。

将现场内成品灯或半成品灯吊起，将灯具的吊杆或吊链与预埋的吊钩连接好，连接好导线并做好绝缘处理，理顺后向上推起灯具上法兰，并将导线接头扣在其内部，使上法兰紧贴顶棚或绝缘台表面，上紧固定螺栓，安装好灯泡、装饰件等。

安装在重要场所的大型灯具，应按设计要求采取防止玻璃罩破碎向下溅落的措施。一般可采用透明尼龙丝保护网，网孔大小根据实际情况确定。

三、荧光灯和其他气体放电灯的安装

（一）荧光灯的安装

荧光灯具的附件有镇流器和辉光启动器，不同规格的镇流器与灯管不能混用，相同功率灯管与镇流器配套使用，才能达到理想效果。如果灯管配用的镇流器瓦数小于规定值，则会因电流过小导致灯丝无法充分预热，辉光启动器反复跳动才能启辉，导致灯管快速老化、寿命降低；配用过大镇流器会使电流超过设计值，加剧阴极电子发射物质消耗，使灯管两端发黑。

普通荧光灯一般采用吸顶式、吊链式、吊管式、嵌入式等安装方法。采用吸顶式安装时，镇流器不能放在荧光灯的架子上，否则散热困难。安装时荧光灯架子与天花板之间要留 15 mm 的空隙以便通风。当采用钢管或吊链安装时，镇流器可放在灯架上。环形荧光吸顶灯一般是成套的，直接拧到平灯座上，可按照白炽灯安装方法进行。

组装式吊链荧光灯包括铁皮灯架、辉光启动器、镇流器、灯管管脚、辉光启动器座等。吊链安装同白炽灯。

（二）高压汞灯的安装

高压汞灯发光原理类似荧光灯，光效高、寿命长、省电，但显色指数低，功率因数低。常用于街道、广场、车站、工厂车间、工地、运动场等照明用。

高压汞灯有两个玻壳，内玻壳是一个石英管（又称为内管），内外管间充有惰性气体，内管中装有少量的汞。管的两端有两个用钍钨丝制成的主电极，电源接通后，引燃电极与附近电极间放电，使内管温度升高，水银逐渐蒸发形成弧光放电，发出强光。同时，汞蒸气电离后发出紫外线，激发管内壁涂的荧光物质，所以该光源是复合光源。

引燃电极上串有一个大电阻，当电极间导电后，引燃电极与邻近电极之间就停止放电。电路中镇流器用于限制灯泡电流。自镇流高压汞灯比普通高压汞灯少一个镇流器代之以自镇流灯丝。

高压汞灯可在任意位置使用，但在水平点燃时，会影响光通量，且容易自灭。高压汞灯线路电压应尽量保持稳定，当电压降低 5%时，灯泡可能会自行熄灭，所以，必要时应考虑调压装置。另外高压汞灯工作时，外玻壳温度很高，必须配备散热好的灯具。

（三）高压钠灯的安装

高压钠灯也是一种气体放电光源，主要由灯丝、双金属片热继电器、放电管、玻璃外壳等组成。灯丝用钨丝绕成螺旋形，发热时发射电子。放电管是用与钠不起作用的耐高温半透明材料制成，里面充有氙气、汞滴和钠。双金属片热继电器的作用：未加热前相当于常闭触点，当灯刚接入电源后形成电流通路，热继电器在电流作用下升温，双金属片断开，在断开瞬间感应出一个高电压与电源电压一起加在放电管两端，使氙气电离放电，温度继续升高使得汞和钠相继变成蒸气状态，并放电而放射出强光。由于钠原子激发能级远低于汞和氙原子，当钠开始放电后，汞和氙受激发的机会较少，主要是钠放电发光。

高压钠灯的特点是光效高、寿命长、紫外线辐射少。光线透过雾和蒸汽的能力强，但光源显色指数低，适用于道路、码头、广场等大面积的照明。安装时要配用瓷质螺口灯座和带有反射罩的灯具，最低悬挂高度 NG400 型为 7 m，NG250 型为 6 m。

（四）碘钨灯的安装

碘钨灯也是由电流加热灯丝至白炽状态而发光的，工作温度越高则光效越高。

碘钨灯的安装不需要任何附件，只要将电源线直接接到碘钨灯的瓷座上即可。碘钨灯抗震性差，不宜用作移动光源，或在振动较大的场合应用。安装时必须保持水平位置，一般倾角不得大于±4°，否则会严重影响灯管寿命。因为倾斜时，灯管底部将积聚较多的卤素和碘化钨，使引线腐蚀损坏；灯管的上部则由于缺少卤素，而不能维持正常的碘钨循环，使玻璃壳很快发黑、灯丝烧断。

碘钨灯正常工作时，管壁温度约为 600 ℃，所以安装时不能与易燃物接近，且一定要加灯罩。在使用前，应用酒精擦去灯管外壁油污，否则会在高温下形成污点而降低亮度。当碘钨灯功率在 1 000 W 以上时，则应使用胶盖瓷底刀开关进行控制。

（五）金属卤化物灯的安装

金属卤化物灯是在高压汞灯基础上为改善光色而发展起来的一种新型光源。在高压汞灯中添加了某些金属卤化物，靠金属卤化物不断循环，向电弧提供相应的金属蒸气，于是就发出表征该金属特征的光谱线。它不仅光色好，发光效率也很高。

安装时要求电压比较稳定，电源电压波动不宜大于±5%。电压降低不仅影响发光效率，还会造成光色变化，以致熄灭。灯具安装高度应在 5 m 以上，无外玻璃壳的金属卤化物灯紫外线辐射较强，应加装玻璃罩或悬挂高度在 14 m 以上。

常用金属卤化物灯有钠铊铟灯和管形镝灯。管形镝灯的结构有水平点燃、灯头在上的垂直点燃和灯头在下的垂直点燃三种。安装时必须认清方向标记，正确使用。由于温度较高，灯具必须考虑散热问题，而且镇流器必须与灯管匹配使用，否则会影响灯管寿命或造成启动困难。安装时还需注意：

一是电源线应经接线柱连接，并且不得使电源线靠近灯具表面。

二是灯管必须和触发器、限流器配套使用。

四、其他灯具的安装

（一）霓虹灯的安装

霓虹灯是一种艺术和装饰灯光，既可以在夜空中显示多种字形又可用于显示各种图案和彩色画面，广泛用于广告、宣传。霓虹灯安装分霓虹灯管安装和变压器安装两部分。

霓虹灯安装应注意下列问题：

第一，容量规定：通常单位建筑物霓虹灯总容量小于 4 kW 时，可采用单相供电，超过 4 kW 则应采用三相供电，并保持三相电压平衡。霓虹灯和照明用电共享一个回路时，如果两者总容量达到 1 kW 时要分支，同时霓虹灯应单设开关控制。霓虹灯电路总容量每 1 kW 应设一分支回路。

第二，变压器规定：变压器选用要根据设计要求而定，安装位置应安全可靠，以免触电。

第三，控制器规定：霓虹灯控制器严禁受潮，应安装在室内，高压控制器应有隔离和其他防护措施。

第四，安装位置规定：霓虹灯应安装在明显且在日常生活中不易被人触碰到的地方；如果安装在建筑物高处或人行道上方，需要有可靠的防风、防玻璃灯管破碎伤人的防护措施；安装时还要考虑维修、更换等因素。

1. 霓虹灯管安装

安装霓虹灯管时，一般用角铁做成框架，框架要美观牢固，室外安装时还要经得起风吹雨淋。安装灯管时用玻璃、瓷制或塑料制的绝缘件固定。固定后的灯管与建筑物、构筑物表面的最小距离不得小于 20 mm。有的支持件可以将灯管支架卡入，有些使用直径 0.5 mm 的裸细铜丝扎紧。安装灯管时不可用力过猛，以免破碎，最后用螺钉将灯管支持件固定在木板或塑料板上。

室内或橱窗里的小型霓虹灯管安装时，在框架上拉紧已经套上透明玻璃管的镀锌铁丝，组成间距为 200~300 mm 的网孔，然后用直径 0.5 mm 的裸细铜丝或弦线把霓虹灯管绑紧在玻璃管网格上即可。

2. 霓虹灯变压器安装

霓虹灯变压器是一种漏磁很大的单相干式变压器，为不影响其他设备工作，必须放在金属箱子内，箱子两侧应开百叶窗孔通风散热。

霓虹灯变压器应安装在角钢支架上，框架角钢规格应在 35 mm×35 mm×4 mm 以上。

安装位置应隐蔽且方便检修。一般宜架设在牌匾、广告牌后面或旁侧的墙面上，尽量紧靠灯管安装，以减短高压接线长度，但应注意不可安装在易燃品周围，也不宜装在容易被非检修人员接触到的地方。

支架埋入固定时，埋入深度不得少于 120 mm；若用胀管螺栓固定，螺栓规格不得小于 M10 mm。安装在室外的明装变压器，高度不宜小于 3 m，小于 3 m 时应采取保护措施。霓虹灯变压器距离阳台、架空线路等距离不宜小于 1 m。变压器要用螺栓紧固在支架上，或用扁钢抱箍固定。霓虹灯变压器的铁心、金属外壳、输出端以及保护箱等均应可靠接地（接零）。

3. 接线

霓虹灯管和变压器装好后即可进行高压线连接。霓虹灯专用变压器二次绕组和灯管间的连接线，应用额定电压不低于 15 kV 的高压尼龙绝缘线。霓虹灯专用变压器二次绕组与建筑物构筑物表面的距离不应小于 20 mm。

高压导线支持点之间的距离，水平敷设时为 0.5 m；垂直敷设时为 0.75 m。高压导线在穿越建筑物时，应穿双层玻璃管加强绝缘，玻璃管两端须露出建筑物两侧，长度各为 50~80 mm。

对于容量不超过 4 kW 的霓虹灯可采用单相供电，超过 4 kW 的霓虹灯应采用三相供电，各相功率应分配均匀。

霓虹灯控制箱内一般装设有电源开关、定时开关和控制接触器。控制箱一般装设在邻近霓虹灯的房间内，为防止检修霓虹灯时触及高压，在霓虹灯与控制箱之间应加装电源控制开关和熔断器。在检修灯管时，先断开控制箱开关再断开现场控制开关，以防止造成误合闸使霓虹灯管带电。

霓虹灯通电后，灯管会产生高频噪声电波，干扰霓虹灯周围的电气设备，为避免这种情况应在低压回路加装电容器滤除干扰。

（二）节日彩灯和景观照明的安装

1. 节日彩灯安装要点

垂直彩灯悬挂挑臂采用的槽钢不应小于 10 号，端部吊挂钢索用的开口吊钩螺栓直径不小于 10 mm，槽钢上的螺栓固定应两侧有螺母，且防松装置齐全，螺栓紧固。

悬挂钢丝绳直径不得小于 4.5 mm，底把圆钢直径不小于 16 mm，地锚采用架空外线用拉线盘，埋设深度应大于 1.5 m。

建筑物顶部彩灯应采用有防雨性能的专用灯具，灯罩应拧紧；垂直彩灯采用防水吊线灯头，下端灯头距地面高度应大于 3 m。

彩灯的配线管道应按明配管要求敷设，且应有防雨功能。管路与管路间、管路与灯头盒间采用螺纹连接，金属导管及彩灯构架、钢索等均应接地可靠。

2. 节日彩灯安装

固定安装的彩灯装置，采用定型彩灯灯具，灯具底座有溢水孔雨水可自然排出。灯的安装间距一般为 600 mm，每个灯泡的功率不宜超过 15 W，节日彩灯每一单相回路不宜超过 100 个。

安装彩灯时，应采用钢管敷设，严禁使用非金属管作为敷设支架。连接彩灯的管路安装时，首先按尺寸将厚壁镀锌钢管切割成段，端头套丝，缠上油麻，将电线管拧紧在彩灯灯具底座的丝孔上。将彩灯管路一段段连好后，按照画出的安装位置就位，用镀锌金属管卡及膨胀螺栓将其固定，固定位置是距灯位边缘 100 mm 处，每段钢管设一卡固定就可以了。管路之间（即灯具两旁）应用不小于 6 mm 的镀锌圆钢进行跨接连接。

彩灯装置的配管本身也可以不进行固定，而固定彩灯灯具的底座。在彩灯灯座底部原有圆孔部位的两侧，顺线路方向开一长孔，以便安装时进行固定位置的调整和管路热胀冷缩时有自然调节余地。

在彩灯的安装部位，土建施工完成后，顺线路敷设方向拉直线进行定位。根据灯具的位置及间距要求，沿线路打孔埋入塑料胀管。然后把组装好的灯具底座和连接钢管一起放到安装位置，用膨胀螺栓将灯座固定。

彩灯穿管导线应使用橡胶铜导线。彩灯装置的钢管应与避雷带（网）进行连接，并应在建筑物上部将彩灯线路线芯与接地管路之间接上避雷器或放电间隙，借以控制放电部位，减少线路损失。

悬挂式彩灯多用于建筑物四角无法固定装设的部位，采用防水吊线灯头连同线路一起悬挂在钢丝绳上。悬挂式彩灯导线应采用绝缘强度不低于 500 V 的橡胶绝缘铜导线，截面面积不应小于 4 mm²。灯头线与干线的连接应牢固，绝缘包扎紧密。导线所载灯具质量的拉力不应超过该导线允许的机械强度。灯的间距一般为 700 mm，距地面 3 m 以下的位置不允许装设灯头。

3. 景观照明的安装

景观照明通常采用泛光灯，可采用在建筑物自身或在相邻建筑物上设置灯具，或者是两者相结合，也可以将灯具设置在地面的绿化带中。

在离开建筑物的地面上安装泛光灯时，为能够得到较为均匀的亮度，灯与建筑物的距离不应小于建筑物高度的 1/10。

在建筑物本体上安装泛光灯时，投光灯凸出建筑物的长度应在 0.7~1 m。低于 0.7 m 会使得被照面亮度不均，超过 1 m 时投光灯附近会出现暗角时，建筑物周边形成阴影。

安装景观照明时，应使整个建筑物、构筑物受照面的上半部平均亮度为下半部的 2~4 倍较为合适。并且尽量不要从顶层向下投光照明，因为投光灯要伸出墙面一段距离，安装困难且影响外表美观。

（三）航空障碍标志灯的安装

1. 安装要点

障碍标志灯的水平、垂直距离不宜大于 45 m。

障碍标志灯应装设在建筑物、构筑物的最高部位。当制高点平面面积较大或者是建筑群时，还应在其外侧转角处的顶端分别装设。

在烟囱顶上设置障碍标志灯时，宜将其装设在低于烟囱口 1.5~3 m 的部位并呈三角形水平排列。

障碍标志灯宜采用自动通断其电源的控制装置，并有更换光源的措施。

在距离地面 60 m 以上装设标志灯时，应采用恒定光强的红色低光强障碍灯，其有效光强应大于 1600 cd。距地面 150 m 以上应为白色光的高光强障碍标志灯，其有效光强随背景亮度而定。

障碍标志灯电源应按主体建筑中的最高负荷等级要求供电。

2. 障碍标志灯的安装

障碍标志灯开闭一般可使用露天安放的光电自动控制器进行控制，它以室外自然环境照度为参量，来控制光电组件动作，用以开、闭障碍标志灯。也可通过建筑物的管理电脑，通过时间程序来控制其开闭。为了有可靠的供电电源，两路电源的切换最好在障碍标志灯控制盘处进行。

（四）应急灯的安装

应急照明是现代大型建筑物中保障人身安全，减少财产损失的安全设施。应急照明包括备用照明、疏散照明和安全照明。为方便确认，公共场所的应急照明灯和疏散标志灯应有明显标志。

备用照明是除安全理由外，正常照明出现故障而工作和活动还需要继续时设置的应急照明。备用照明通常全部或部分利用正常照明灯具，只是启用备用电源。

疏散照明要求沿走道提供足够的照度，能看清所有的障碍物，清晰无误地指明疏散路线，迅速找到应急出口，并应容易地找到沿疏散线路设置的消防报警按钮、消防设备和配电箱。

疏散照明应设在安全出口的顶部、疏散走道及转角处距地 1 m 以下的墙面上，当交叉口处墙面下侧安装难以明确表示疏散方向时，也可以将疏散标志灯安装在顶部。疏散走道上的标志灯应有指示疏散方向的箭头标志，疏散走道上标志灯间距不宜大于 20 m，人防工程不宜大于 10 m。

楼梯间内疏散标志灯宜安装在休息平台上方的墙角处或壁装，并应用箭头及阿拉伯数字清楚标注上、下层层号。

安全照明是在正常照明出现故障时，为操作人员或其他人员脱离危险而设的应急照明，这种场合一般也须设疏散照明。安全出口标志灯宜安装在疏散门口的上方，在首层的疏散楼梯应安装于楼梯口里侧上方。安全出口标志灯具的高度应不低于 2 m。

疏散走道上的安全出口标志灯可明装，而厅室内宜采取暗装。安全出口标志灯应有图形和文字符号。在有无障碍设计要求时，应同时设有音响指示信号。

可调光型安全出口指示灯宜应用于影剧院的观众厅。正常情况下使用时可减低亮度，火灾事故时应能自动接通至全亮状态。

第三节　开关和插座的安装

一、照明开关和插座概述

照明电器控制方式有两种：单灯或数灯控制；回路控制。单灯控制或数灯控制采用室内照明开关，也就是灯开关。插座是各种移动电气设备的电源接口，插座的安装高度应符合设计规定，安装位置应确保使用安全方便。

（一）照明开关种类

灯开关按其安装方式可分为明装开关和暗装开关；按操作方式可分为拉线开关、板把开关、跷板开关、床头开关等；按控制方式有单控开关和双控开关。

跷板开关均为暗装开关，开关与盖板连成一体安装方便。跷板开关的一块面板上，一般可装三个开关，称为单联、双联、三联开关；此外，还有带指示灯的开关，一类当开关断开时灯亮可显示方位，利于辨清开关位置，便于操作。另外一类当开关在接通位置时指示灯亮，用于指示电源是否接通，便于安全维修。防潮防溅开关在跷板上设置有防溅罩，正面为一层透明有弹性的薄膜，可隔着薄膜按动跷板，密封性能好，防水淋和潮气，适用于卫生间。

（二）照明开关选择

选用开关时必须核算开关所控制的灯具工作电流及功率因数，不得超过开关的额定电流。在同一工程中应尽量选用同一类型的产品，以便于维修和管理。

各种灯开关内部构造基本相似，都是由导电的动、静触点以及操动机构和绝缘构件组成。开关必须选择经过国家有关部门技术鉴定的正规厂家合格产品。

开关在通过额定电流时，其导电部分的温升不得超过 50 ℃。开关的操动机构应灵活轻巧，接线端子应能够可靠地连接一根或两根截面面积 1~2.5 mm² 的导线。

开关的塑料零件表面应无气泡、裂纹、铁粉、肿胀、明显擦伤和毛刺等缺陷，并应有良好光泽。

按安装场合选择开关时：安装在卫生间内的开关应选用防潮防水型面板的开关或使用绝缘绳拉绳开关；高级住宅中的厅、通道、卫生间宜采用带指示灯的跷板开关；高层住宅楼梯灯如选用定时开关控制时，应有限流功能，并能够在事故状况下强制转换成点亮状态；旅馆客房进门处宜设置面板上带指示灯的开关，高等级标准客房夜间照明灯和床头灯，宜采用调光方式。

（三）插座的品种和选择

插座是各种移动电器的电源接取口，插座的安装高度应符合设计规定，并确保使用安全、方便。

插座的型式、基本参数和尺寸应符合设计规定。其基本技术要求为：插座绝缘应能承受 2 000 V（50 Hz）历时 1 min 的耐压试验，而不发生击穿或闪络现象；插头从插座中拔出时，6 A 插座每一极的拔出力不应小于 3 N（二、三极的总拔出不大于 30 N）；10 A 插座每一极的拔出力不应小于 5 N（二、三、四极的总拔出力分别不大于 40 N、50 N 和 70 N）；15 A 插座每一极的拔出力不应小于 6 N（三、四极的总拔出力分别不大于 70 N 和 90 N）；25 A 插座每一极的拔出力不应小于 10 N（四极的总拔出力不大于 120 N）。

插座根据线路敷设需要有明装式和暗装式两种。250 V 单相插座有二孔和三孔，二孔插座用作外壳不需要接地的移动电器的供电电源；三孔插座专为金属外壳需要接地的移动电器提供电源，它可以防止电器外壳带电，避免触电危险。

插座通过 1.25 倍额定电流时，其导电部分的温升不应超过 40 ℃；插座塑料零件表面应无气泡、裂纹、铁粉、肿胀、明显擦伤和毛刺等缺陷，并应具有良好光泽；插座接线端子应能可靠地连接一到两根截面面积 1~2.5 mm²（插座额定电流 6 A、10 A）、1.5~4 mm²（插座额定电流 15 A）、2.5~6 mm²（插座额定电流 25 A）的导线。

二、照明开关的安装

（一）照明开关安装要求

拉线开关距地面高度一般为 2.2~2.8 m，距门框为 150~200 mm，拉线开关相邻间距不得小于 20 mm，拉线出口应向下。

板把开关和跷板开关安装高度一般为距地面高度 1.2~1.4 m，开关边缘距门框边缘的距离为 0.15~0.2 m。

相同型号并列安装于同一室内开关安装高度应一致，高度差不得大于 2 mm。

开关位置应与灯位相对应；同一室内开关的开、闭方向应一致。开关操作灵活，接点接触可靠。面板上有指示灯的，指示灯应在上面，跷板上有红色标记的应朝上安装。"ON"字母是开的标志。当跷板或面板上无任何标志时，应装成开关往上扳是电路接通，往下扳是电路切断。

暗装的开关面板应紧贴墙面，四周无缝隙，安装牢固，表面光滑整洁、无碎裂、划伤，装饰帽齐全。

多尘、潮湿场所和户外应用防水瓷质拉线开关，若采用普通开关时，应加装保护箱。

易燃易爆和特别潮湿的场所，应分别采用防爆型、密闭型开关，或将开关安装在其他地方进行控制。

明线敷设的开关，应加装在厚度不小于 15 mm 的木台上。

电器、灯具的相线应经开关控制。

（二）照明开关的安装步骤

1. 开关安装前的检查

开关安装应在建筑物墙体表面装饰工程结束后进行。暗敷设工程中暗装开关安装前，应检查土建装饰工程配合质量是否完善，不能因土建工程质量缺陷影响开关的安装质量。

开关盒周围抹灰处应尺寸正确、阳角方正、边缘整齐、光滑；墙面裱糊工程在开关盒处要交接紧密、无缝隙、不糊盖盒盖；饰面板（砖）镶贴工程，开关盒处应整砖套割吻合，不准非整砖拼凑镶贴。

开关安装前应检查盒内管口是否光滑，钢管敷设管口处护口有无遗漏，盒内是否清洁无杂物，否则应清理干净盒内的杂物、尘土，可用软塑料管吹除或用抹布将盒内擦干净。

2. 暗扳把开关的安装

暗扳把开关是一种胶木或塑料面板的老式通用暗装开关，通常有两个静触点，分别连接两个接线柱。

开关接线时，应把电源相线接到一个静触点接线柱上，动触点接线柱连接来自灯具的导线。接线时应接成扳把向上时开灯，向下关灯。然后把开关芯连同支持架固定到盒上，开关的扳把必须端正，不得卡到盖板上，最后盖好盖板，用螺栓将盖板与支持架固定牢固，盖板应紧贴建筑物表面。

双联及以上暗扳把开关，每一联即是一只单独的开关，能分别控制一盏灯。开关接线时，电源相线应接好并分别接到与动触点相连的接线柱上，把与灯具相连的导线接到与开关静触点相连的接线柱上。如采用不断线连接时，管内穿线时，盒内应留有足够长的导线，开头接线后两开关间导线长度不应小于 150 mm，且在线芯与接线柱上连接处不应损伤线芯。

用两个开关在不同地点控制一盏或多盏灯时，应使用双联开关，此开关有三个接线柱，其中两个分别与两个静触点连通，另一个与动触点连通（称为公用柱）。双控开关用来在线路中控制白炽灯时，一个开关的公用柱（动触点）与电源 L 线相连接，另一个开关的公用柱与灯座的一个接线柱连接。采用螺口灯座时，应与灯座中心触点接线柱连接，灯座的另一接线柱应与电源的 N 线连接。两个开关的静触点接线柱，用两根导线分别进行连接。

3. 拉线开关的安装

拉线开关通过拉线来操作开关的分合，人体不直接触及开关，比较安全，但由于不美观，一般住宅中已不再使用，而被跷板开关代替。

在明配线路中安装拉线开关，应先固定好绝缘台，拧下拉线开关盖，把线头分别穿入开关底座的两个接线孔中，用两枚直径不大于 20 mm 木螺钉将开关底座固定在绝缘台上，再将导线接到接线柱上即可。接好的拉线开关拉线口应垂直向下，避免拉线与拉线口发生摩擦，以免磨损断裂。

4. 跷板开关安装

跷板、指甲式开关均为暗装开关，应与配套开关盒安装。开关芯与盖板连成一体，安装方便。开关芯的盖板为活装盖板，安装时先安装开关芯和固定板，再安装盖板。

跷板开关与暗装扳把开关相同，每一联即是一个单独的开关，能分别控制一盏灯。每一联内接线柱数目不同，双线为单控开关，三线为双控开关，可根据需要进行组合。

跷板开关安装接线时，应使开关切断相线，并应根据跷板或面板上的标志确定面板的安装方向。面板上有指示灯的，指示灯应在上面；跷板上有红色标记的应朝下安装；面板上有产品标记或跷板上有英文字母的不能装反；翘板上部顶端用压制条纹或红色标志的应朝上安装。跷板或面板上无标记的，应装成跷板下部按下时，开关处于合闸位置，上部按下时处于断开位置。

同一场所中开关切断位置应一致，且操作灵活，接点接触可靠。

几盏灯集中在同一地点控制时，不宜采用单联开关并列安装，应选用双联及以上开关可以节省配管和管内所穿导线。在安装接线时，要考虑开关控制灯的顺序，其位置应与灯位相对应，方便操作。

双联及以上开关接线时，如使用开关后罩为单元组合形式的，电源线不应串接，应做并接头。双联及以上开关后罩为整体形式的，二联及三联的公用端（com）内部为一整体时，电源相线只要接入开关公用接线柱即可，可以省去并接头。

开关接线时，应将盒内导线依次理顺，接线后，将盒内导线盘成圆圈，放在开关盒内。在安装固定面板时，找平找正后再与开关盒安装孔紧固，安装好的开关面板应紧贴建筑物装饰面，开关面板安装孔上有装饰帽的应一并装好，开关安装好后，面板上要清洁。

三、插座的安装

（一）插座安装的一般要求

插座安装高度一般距地 1.3 m，在幼儿园、托儿所及小学校等有儿童活动的场所宜采用安全插座，安装高度距地应为 1.8 m。

潮湿场所应采用密闭型或保护型插座，安装高度不应低于 1.5 m。

住宅使用安全插座时，安装高度可为 0.3 m。车间和试验室插座安装一般距地不低于 0.3 m，特殊场所暗装插座不应低于 0.15 m。

为装饰美观需要，同一场所安装的插座高度应一致；同一室内安装的插座高度差不宜大于 5 mm；并列安装同型号插座高度差不宜大于 1 mm。插座安装前对土建施工的配合以及对电气管、盒的检查清理工作同开关安装。暗装插座应使用专用盒，严禁无盒安装。

插座宜由单独的回路配电，并且一个房间内的插座宜由同一回路配电；每户内的一般照明与插座宜分开配线，并且在每户的分支回路上除应装有过载、短路保护外，还应在插座回路中装设漏电保护和有过、欠电压保护功能的保护装置。

在潮湿房间（住宅中的厨房除外）内，不允许装设一般插座，只可设置有安全隔离变压器的插座。对于插接电源有触电危险的家用电器，应采用带开关、能切断电源的插座。

备用照明、疏散照明的回路上不应设置插座。

当交流、直流或不同电压等级的插座安装在同一场所时，应有明显的区别，且必须选择不同结构、不同规格和不能互换的插座；配套的插头应按交流、直流或不同电压等级区别使用。

暗装插座应有专用盒，安装好后，盖板应紧贴墙面。

（二）插座的安装

新系列暗装插座座芯与盖板为活装面板式，安装时，先在插座芯的接线柱上接线，再将其安装在安装板上，最后安装盖板。明装插座多用于明敷设线路，应安装在绝缘台上，一般先固定绝缘台，然后固定安装插座。

插座是长期带电的电器，插座的接线孔都按一定顺序排列，不能接错，接线应按下列顺序：

①单相两孔插座，面对插座的右孔或上孔与相线连接，左孔或下孔与零线连接。

②单相三孔插座，面对插座的右孔与相线连接，左孔与零线连接；单相三孔、三相四孔及三相五孔插座的保护接地（PE）或保护接零（PEN）线接在上孔。插座的接地端子不与零线端子连接。同一场所的三相插座，接线的相序一致。

③插座的接地端子不与中性线端子连接；PE 或 PEN 线在插座间不得串联连接。

带开关插座接线时，电源相线应与开关接线柱连接，电源工作零线与插座的接线柱连接。

双联及以上插座接线时，相线、工作零线应分别与插孔接线柱并接，或进行不断线整体套接，而不应该进行串联。插座进行不断线整体套接时，插孔之间套接线长度不应小于150 mm。

插座接线完成后，应将盒内导线理顺，依次盘成圆圈状塞入盒内，且不使盒内导线接头相碰，进行绝缘测试并确认导线连接正确，盒内无潮气后，才能固定盖板。

（三）插座的接地（接零）线

插座的接地（接零）线应采用铜芯导线，其截面面积不应小于相线截面面积。插座的接地（接零）线应单独敷设，不应用工作零线兼作保护接地（接零）线。

根据我国目前采用的 TN 系统接地形式，电力系统有一点直接接地，受电设备外露可导电部分应通过保护线与接地点连接。按照中性线（N）与 PE 线组合情况，可分为三种形式，插座的保护接地（接零）插孔的接线方式也有三种。

1. TN-C 系统

整个系统 N 与 PE 线是合一的，称为中性保护共用线（PEN），即三相四线制。但这种工作零线与保护线混同是不安全的，尤其系统中一旦发生 PEN 线断线时，无法避免触电危险。

2. TN-S 系统

整个系统的 N 与 PE 线是分开的。

3. TN-C-S 系统

此系统中一部分 N 与 PE 线合用，一部分分开。此系统目前应用得最为广泛，由市电变压器低压侧给建筑物供电，系统变压器中性点接地，但中性点处并没有接出 PE 线，而是 PEN 线。而在建筑物处必须采用专用 PE 线，PE 线接地装置应与工作 N 线的接地装置共用，在建筑物总配电箱内分出 PE 线和 N 线，导线分开后 N 线即不再接地。

第四节　电扇、电铃的安装及电气照明通电试运行

一、电扇的安装

（一）吊扇的安装

吊扇是住宅、公共场所和工业建筑中的常见设备。吊扇有三叶吊扇、三叶带照明灯吊扇和四叶带照明灯吊扇等。吊扇的规格、型号必须符合设计要求，并有产品合格证书。扇叶不得有变形现象，吊杆应平直，长度合适。

吊扇组装时应根据产品说明书进行，且应注意不能改变扇叶角度。扇叶的固定螺钉应装防松装置，吊扇吊杆之间、吊杆与电动机之间，螺纹连接啮合长度不得小于 20 mm，并必须有防松装置。吊扇吊杆上的挂销必须装设防振橡皮垫；挂销的防松装置应齐全、可靠。

吊扇在现浇楼板（梁）上安装一般采用预埋吊钩的施工方法。吊扇安装前，应对预埋件进行检查。吊扇吊钩应安装牢固，要能承受吊扇的重力和运转时的扭矩。吊钩应弯成 T 形或 F 形，且焊接处长度不小于 100 mm。吊钩应由盒中心穿下，严禁将预埋件下端在盒

内预先弯成圆环。现浇混凝土楼板内预埋吊钩，应将 F 形吊钩与混凝土中的短钢筋焊接，或者使用 T 形吊钩，吊钩在板面上与楼板垂直布置，使用 T 形吊钩还可以与板缝内钢筋绑扎或焊接。吊扇挂钩的直径不小于吊扇挂销直径，且不小于 8 mm。

在空心预制楼板上安装吊钩的做法是在所需安装的部位，将预制板凿一个洞，在洞的上方横置一根圆钢做横档，再将吊钩上部做成一个挂钩钩在横档上。横档可以和预埋的电线管绑扎或焊接在一起。

在混凝土梁上安装吊扇可用钢吊架的方法。钢吊架用两根扁钢或角钢制成，两根直径 15 mm 的钢管，一根钢管与梁同宽，焊有吊攀，装在吊架的下面，另一根比梁宽窄 10 mm，装在紧靠梁的下面。这两根钢管用穿心螺栓固定在吊架上，吊架用两个螺钉固定在梁的下方。

这种方法是利用中间螺钉上螺母把吊架紧箍在梁上，所以在梁上打洞的深度必须长于螺钉。

吊钩伸出建筑物的长度应以盖上电扇吊杆护罩后，能将整个吊钩全部遮住为宜。在挂上吊扇时，应使吊扇的重心和吊钩的直线部分处在同一条直线上。将吊扇托起，吊扇的耳环挂在预埋的吊钩上，扇叶距地面的高度不应低于 2.5 m，按接线图接好电源，并包扎紧密。向上托起吊杆上的护罩，将接头扣于其中，护罩应紧贴建筑物或绝缘台表面，拧紧固定螺钉。

吊扇调速开关安装高度应为 1.3 m，同一室内并列安装的吊扇开关高度应一致，且控制有序不错位。吊扇运转时扇叶不应有明显的颤动和异常声响。

（二）壁扇的安装

壁扇底座在墙上采用尼龙塞或膨胀螺栓固定，数量不应少于 2 个，且直径不应小于 8 mm，壁扇底座应固定牢固。安装时，先在要安装的墙壁上找好挂板安装孔和底板钥匙孔的位置，安装好尼龙塞。先拧好底板钥匙孔上的螺钉，把风扇底板的钥匙孔套在墙壁螺钉上，然后用木螺钉把挂板固定在墙壁的尼龙塞上。壁扇的下侧边线距地面高度不宜小于 1.8 m，且底座平面的垂直偏差不宜大于 2 mm。

壁扇的防护罩应扣紧，固定可靠。壁扇宜使用带开关的插座。壁扇在运转时，扇叶和防护罩均不应有明显的颤动和异常声响。

（三）换气扇的安装

换气扇一般安装在公共场所、卫生间及厨房内的墙体或窗户上。其安装方式和高度由设计人员确定。换气扇由开关控制，使用插座插接电源。如果换气扇开关和插座设置在厨房、卫生间内，应采用防溅型开关、插座。

安装换气扇的金属构件应刷樟丹漆一道、灰色油漆两道。木制构件部分油漆颜色与建筑墙面相同。

二、电铃的安装

(一) 常用电铃种类

电铃通常用于学校及厂矿，起到提醒和警示作用。电铃按其电源种类有交流和直流之分；按其击打方式有内击和外击两种。近年来出现了以冲针运动代替拷棒击打的冲击电铃，以及靠簧片振动发声的蝉音电铃。

拷棒打击式电铃由线圈、铁心、冲击棒、铃盘和底座等组成，用于电压为交流 380 V 及以下、直流 220 V 及以下的电路中，适用于工矿企业、学校、公共场所，做呼唤或通知信号用。

无火花冲击电铃用于交流 220 V 电路中，工作原理与一般电铃相同，只是以冲针代替拷棒，因而声音较小，可用作仪器设备报警或用作门铃。蝉音电铃也用于 220 V 交流电路中，导磁体由铁心和轭铁组成，通过点焊连接，并将线圈粘接在铁心上，用螺钉固定振动簧片，然后通过紧固螺栓将机心固定在外壳上。当线圈通入交流电流时，导磁体对簧片产生一个脉动吸力使簧片振动发声。

(二) 电铃安装的步骤

电铃需要经过试验合格后方可安装。电铃安装应端正牢固。

电铃既可以在室内安装也可以安装在室外。在室内安装有明装和暗装两种方式，明装时，电铃可安装在绝缘台上，也可以用 φ4×50 木螺钉和 φ4 垫圈配用 φ6×50 尼龙塞或塑料胀管直接安装在墙体上。室内电铃还可安装在厚度不小于 10 mm 的木制安装板上，安装板用 φ4×63 的木螺钉与墙内预埋木砖固定，也可用木螺钉与墙内尼龙塞或塑料胀管固定。

室内暗装电铃应装设在专用盒（箱）内，室内电铃安装高度，距顶棚不应小于 200 mm，距地面不应低于 1.8 m。

室外电铃应装设在防雨箱内，箱底距地面不应低于 3 m。电铃的防雨箱用干燥的木材制作时，箱的背板与墙面接触部位应做防腐处理，可刷油漆两道。如用金属箱，箱体可用厚 2 mm 的钢板制作，金属件均应做防腐处理，刷红丹漆一道，油漆两道。室外明装电铃箱颜色由工程设计定。

电铃按钮（开关）应暗装且装设在相线上，使铃不振时不带电。电铃按钮（开关）安装高度不应低于 1.3 m，并应有明显标志。电铃安装好后，应调整到最响状态，若用延时开关控制电铃，应整定延时值。

三、电气照明通电试运行

（一）通电试运行前的检查

通电试运行前应进行下列项目的检查：

复查总电源开关至各照明回路进线电源开关的接线是否正确。

照明配电箱及回路标识是否正确一致。

检查漏电保护器接线是否正确，严格区分工作零线（N）和专用保护零线（PE），专用保护零线严禁接入漏电断路器。

检查开关箱内各接线端子连接是否正确。

断开各回路分电源开关，合上总进线开关，检查漏电测试按钮是否灵敏有效。

（二）通电试运行程序

1. 建筑物照明系统测试和通电试运行的程序

电线绝缘电阻测试前电线接续已完成。

照明箱（盘）、灯具、开关、插座的绝缘电阻测试在就位前或接线前已完成。

备用电源或事故照明电源做空载自动投切试验前应拆除负荷，空载自动投切试验合格后，才能做有载自动投切试验。

电气器具及电路绝缘电阻测试合格，才能通电试验。

照明全负荷试验必须在上列第一、二、四步完成后才能进行。

2. 分回路试通电

将各回路灯具等用电设备开关全部置于断开位置。

逐次合上各分回路电源开关。

分回路逐次合上灯具等的控制开关，检查开关与灯具控制顺序是否相对应。

用试电笔检查各插座相序连接是否正确，带开关插座的开关能否正确关断相线。

3. 照明系统通电试运行

照明系统通电试运行时，所有照明灯具均应开启，且每 2 h 记录运行状态一次，连续试运行时间内无故障。大型公用建筑照明工程负荷大、灯具多、可靠性要求高，所以大型公共建筑要求连续通电试运行 24 h，以检测整个照明工程的发热稳定性和安全性。

民用建筑也要进行通电试运行以检查线路和灯具的可靠性和安全性，但由于容量比公用建筑小，所以通电试运行 8 h 即可。

第七章　建筑电气防雷与接地及安全用电

第一节　建筑物防雷等级分类与防雷措施

一、雷电的危害

云层之间的放电现象，虽然有很大声响和闪电，但对地面上的万物危害并不大，只有云层对地面的放电现象或极强的电场感应作用才会产生破坏作用，其雷击的破坏作用可归纳为直接雷击、感应雷击和高电位引入。

（一）直接雷击

当雷云离地面较近时，由于静电感应作用，使离云层较近的地面上凸出物（如树木、山头、各类建筑物和构筑物等）感应出异种电荷，故在云层强电场作用下形成尖端放电现象，即发生云层直接对地面物体放电。因雷云上聚集的电荷量极大，在放电瞬时的冲击电压与放电电流均很大，可达几百万伏和 200 kA 以上的数量级。所以，往往会引起火灾、房屋倒塌和人身伤亡事故，灾害比较严重。

（二）感应雷害

当建筑物上空有聚集电荷量很大的云层时，由于极强的电场感应作用，将会在建筑物上感应出与雷云所带负电荷性质相反的正电荷。这样，在雷云之间放电或带电云层飘离后，虽然带电云层与建筑物之间的电场已经消失，但这时屋顶上的电荷还不能立即疏散掉，致使屋顶对地面还会有相当高的电位。所以，往往会造成对室内的金属管道、大型金属设备和电线等放电现象，引起火灾、电气线路短路和人身伤亡等事故。

（三）高电位引入

当架空线路上某处受到雷击或与被雷击设备连接时，便会将高电位通过输电线路而引入室内，或者雷云在线路的附近对建筑物等放电而感应产生高电位引入室内，均会造成室内用电设备或控制设备承受严重过电压而损坏，或引起火灾和人身伤害事故。

二、建筑物的防雷分类

建筑物应根据其重要性、使用性质、发生雷电事故的可能性及后果，按防雷要求分为三类。根据现行国家标准《建筑物防雷设计规范》的规定，民用建筑中无第一类防雷建筑物，其分类应划分为第二类及第三类防雷建筑物。在雷电活动频繁地区或强雷区，可适当提高建筑物的防雷保护措施。

（一）第一类防雷建筑物

在可能发生对地闪击的地区，遇下列情况之一时，应划为第一类防雷建筑物：

①凡制造、使用或贮存火炸药及其制品的危险建筑物，因电火花而引起爆炸、爆轰，会造成巨大破坏和人身伤亡者。

②具有 0 区或 20 区爆炸危险场所的建筑物。

③具有 1 区爆炸危险场所的建筑物，因电火花而引起爆炸，会造成巨大破坏和人身伤亡者。

④当第一类防雷建筑物部分的面积占建筑物总面积的 30% 及以上时，该建筑物宜确定为第一类防雷建筑物。

（二）第二类防雷建筑物

在可能发生对地闪击的地区，遇下列情况之一时，应划为第二类防雷建筑物：

①国家级重点文物保护的建筑物。

②国家级的会堂及办公建筑物、大型展览和博览建筑物、大型火车站和飞机场、国宾馆、国家级档案馆、大型城市的重要给水泵房等特别重要的建筑物。其中，飞机场不含停放飞机的露天场所和跑道。

③国家级计算中心、国际通信枢纽等对国民经济有重要意义的建筑物。

④国家特级和甲级大型体育馆。

⑤制造、使用或贮存火炸药及其制品的危险建筑物，且电火花不易引起爆炸或不致造成巨大破坏和人身伤亡者。

⑥具有 1 区或 21 区爆炸危险场所的建筑物，且电火花不易引起爆炸或不致造成巨大破坏和人身伤亡者。

⑦具有 2 区或 22 区爆炸危险场所的建筑物。

⑧有爆炸危险的露天钢质封闭气罐。

⑨预计雷击次数大于 0.05 次/a 的部、省级办公建筑物和其他重要或人员密集的公共建筑物以及火灾危险场所。

⑩预计雷击次数大于 0.25 次/a 的住宅、办公楼等一般性民用建筑物或一般性工业建筑物。

⑪当第一类防雷建筑物部分的面积占建筑物总面积的 30%以下，且第二类防雷建筑物部分的面积占建筑物总面积的 30%及以上时，或当这两部分防雷建筑物的面积均小于建筑物总面积的 30%，但其面积之和又大于 30%时，该建筑物宜确定为第二类防雷建筑物。但对第一类防雷建筑物部分的防闪电感应和防闪电电涌侵入，应采取第一类防雷建筑物的保护措施。

（三）第三类防雷建筑物

在可能发生对地闪击的地区，遇下列情况之一时，应划为第三类防雷建筑物：

①省级重点文物保护的建筑物及省级档案馆。

②预计雷击次数大于或等于 0.01 次/a，且小于或等于 0.05 次/a 的部、省级办公建筑物和其他重要或人员密集的公共建筑物，以及火灾危险场所。

③预计雷击次数大于或等于 0.05 次/a，且小于或等于 0.25 次/a 的住宅、办公楼等一般性民用建筑物或一般性工业建筑物。

④在平均雷暴日大于 15 d/a 的地区，高度在 15 m 及以上的烟囱、水塔等孤立的高耸建筑物；在平均雷暴日小于或等于 15 d/a 的地区，高度在 20 m 及以上的烟囱、水塔等孤立的高耸建筑物。

（四）混合建筑

当一座防雷建筑物中兼有第一、二、三类防雷建筑物，或当防雷建筑物部分的面积占建筑物总面积的 50%以上时，其防雷分类和防雷措施宜符合下列规定：

当第一类防雷建筑物部分的面积占建筑物总面积的 30%及以上时，该建筑物宜确定为第一类防雷建筑物。

当第一类防雷建筑物部分的面积占建筑物总面积的 30%以下，且第二类防雷建筑物部分的面积占建筑物总面积的 30%及以上时，或当这两部分防雷建筑物的面积均小于建筑物总面积的 30%，但其面积之和又大于 30%时，该建筑物宜确定为第二类防雷建筑物。但对第一类防雷建筑物部分的防闪电感应和防闪电电涌侵入，应采取第一类防雷建筑物的保护措施。

当第一、二类防雷建筑物部分的面积之和小于建筑物总面积的30%，且不可能遭直接雷击时，该建筑物可确定为第三类防雷建筑物；但对第一、二类防雷建筑物部分的防闪电感应和防闪电电涌侵入，应采取各自类别的保护措施；当可能遭直接雷击时，宜按各自类别采取防雷措施。

三、建筑物的防雷措施

我国自实施《建筑物防雷设计规范》，就对各类建筑物进行了防雷等级的分类，详细规定了各类建筑物的防雷措施。

（一）第一类防雷建筑物的防雷措施

1. 第一类防雷建筑物防直击雷的措施

①应装设独立接闪杆或架空接闪线或网。架空接闪网的网格尺寸不应大于 5 m×5 m 或 6 m×4 m。

②排放爆炸危险气体、蒸气或粉尘的放散管、呼吸阀、排风管等的管口外的下列空间应处于接闪器的保护范围内。

表 7-1　有管帽的管口外处于接闪器保护范围内的空间

装置内的压力与周围空气压力的压力差（kPa）	排放物对比于空气	管帽以上的垂直距离（m）	距管口处的水平距离（m）
<5	重于空气	1	2
5~25	重于空气	2.5	5
≤25	轻于空气	2.5	5
>25	重或轻于空气	5	5

③排放爆炸危险气体、蒸气或粉尘的放散管、呼吸阀、排风管等，当其排放物达不到爆炸浓度、长期点火燃烧、一排放就点火燃烧，以及发生事故时排放物才达到爆炸浓度的通风管、安全阀，接闪器的保护范围应保护到管帽。无管帽时应保护到管口。

④独立接闪杆的杆塔、架空接闪线的端部和架空接闪网的每根支柱处应至少设一根引下线。对用金属制成或有焊接、绑扎连接钢筋网的杆塔、支柱，宜利用金属杆塔或钢筋网作为引下线。

⑤独立接闪杆和架空接闪线或网的支柱及其接地装置与被保护建筑物及与其有联系的

管道、电缆等金属物之间的间隔距离，不得小于 3 m。

⑥架空接闪线至屋面和各种突出屋面的风帽、放散管等物体之间的间隔距离，不应小于 3 m。

⑦独立接闪杆、架空接闪线或架空接闪网应设独立的接地装置，每一引下线的冲击接地电阻不宜大于 10 Ω。在土壤电阻率高的地区，可适当增大冲击接地电阻，但在 3 000 Ω·m 以下的地区，冲击接地电阻不应大于 30 Ω。

2. 第一类防雷建筑物防闪电感应的规定

第一，建筑物内的设备、管道、构架、电缆金属外皮、钢屋架、钢窗等较大金属物和突出屋面的放散管、风管等金属物，均应接到防闪电感应的接地装置上。金属屋面周边每隔 18~24 m 应采用引下线接地一次。

现场浇灌或用预制构件组成的钢筋混凝土屋面，其钢筋网的交叉点应绑扎或焊接，并应每隔 18~24 m 采用引下线接地一次。

第二，平行敷设的管道、构架和电缆金属外皮等长金属物，其净距小于 100 mm 时，应采用金属线跨接，跨接点的间距不应大于 30 m；交叉净距小于 100 mm 时，其交叉处也应跨接。

当长金属物的弯头、阀门、法兰盘等连接处的过渡电阻大于 0.03 Ω 时，连接处应用金属线跨接。对有不少于 5 根螺栓连接的法兰盘，在非腐蚀环境下，可不跨接。

第三，防闪电感应的接地装置应与电气和电子系统的接地装置共用，其工频接地电阻不宜大于 10 Ω。防闪电感应的接地装置与独立接闪杆、架空接闪线或架空接闪网的接地装置之间的间隔距离，不得小于 3 m。

当屋内设有等电位连接的接地干线时，其与防闪电感应接地装置的连接不应少于 2 处。

3. 第一类防雷建筑物防闪电电涌侵入的措施

室外低压配电线路应全线采用电缆直接埋地敷设，在入户处应将电缆的金属外皮、钢管接到等电位连接带或防闪电感应的接地装置上。当全线采用电缆有困难时，应采用钢筋混凝土杆和铁横担的架空线，并应使用一段金属铠装电缆或护套电缆穿钢管直接埋地引入。架空线与建筑物的距离不应小于 15 m。

在电缆与架空线连接处，尚应装设户外型电涌保护器。电涌保护器、电缆金属外皮、钢管和绝缘子铁脚、金具等应连在一起接地，其冲击接地电阻不应大于 30 Ω。所装设的电涌保护器应选用 I 级试验产品，其电压保护水平应小于或等于 2.5 kV，其每一保护模式应选冲击电流等于或大于 10 kA；若无户外型电涌保护器，应选用户内型电涌保护器，其使用温度应满足安装处的环境温度,并应安装在防护等级 IP54 的箱内。

当架空线转换成一段金属铠装电缆或护套电缆穿钢管直接埋地引入时,其埋地长度可按下式计算:

$$l \geqslant 2\sqrt{\rho} \tag{7-1}$$

式中:l ——电缆铠装或穿电缆的钢管埋地直接与土壤接触的长度(m);

ρ ——埋电缆处的土壤电阻率($\Omega \cdot m$)。

电子系统的室外金属导体线路宜全线采用有屏蔽层的电缆埋地或架空敷设,其两端的屏蔽层、加强钢线、钢管等应等电位连接到入户处的终端箱体上,在终端箱内是否装设电涌保护器,参见第三节。

架空金属管道,在进出建筑物处,应与防闪电感应的接地装置相连。距离建筑物 100 m 内的管道,宜每隔 25 m 接地一次,其冲击接地电阻不应大于 30 Ω,并应利用金属支架或钢筋混凝土支架的焊接、绑扎钢筋网作为引下线,其钢筋混凝土基础宜作为接地装置。埋地或地沟内的金属管道,在进出建筑物处应等电位连接到等电位连接带或防闪电感应的接地装置上。

当难以装设独立的外部防雷装置时,可将接闪杆或网格不大于 5 m×5 m 或 6 m×4 m 的接闪网或由其混合组成的接闪器直接装在建筑物上。

(二)第二类防雷建筑物的防雷措施

第二类防雷建筑物外部防雷的措施,宜采用装设在建筑物上的接闪网、接闪带或接闪杆,也可采用由接闪网、接闪带或接闪杆混合组成的接闪器。接闪网、接闪带应按《建筑物防雷设计规范》的规定沿屋角、屋脊、屋檐和檐角等易受雷击的部位敷设,并应在整个屋面组成不大于 10 m×10 m 或 12 m×8 m 的网格;当建筑物高度超过 45 m 时,首先应沿屋顶周边敷设接闪带,接闪带应设在外墙外表面或屋檐边垂直面上,也可设在外墙外表面或屋檐边垂直面外。接闪器之间应互相连接。

专设引下线不应少于 2 根,并应沿建筑物四周和内庭院四周均匀对称布置,其间距沿周长计算不应大于 18 m。当建筑物的跨度较大,无法在跨距中间设引下线时,应在跨距两端设引下线并减小其他引下线的间距,专设引下线的平均间距不应大于 18 m。

外部防雷装置的接地应和防闪电感应、内部防雷装置、电气和电子系统等接地共用接地装置,并应与引入的金属管线做等电位连接。外部防雷装置的专设接地装置宜围绕建筑物敷设成环形接地体。

上述规定的第二类防雷建筑物的防闪电感应的措施应符合下列规定:

①建筑物内的设备、管道、构架等主要金属物，应就近接到防雷装置或共用接地装置上。

②平行敷设的管道、构架和电缆金属外皮等长金属物，其净距小于100 mm时，应采用金属线跨接，跨接点的间距不应大于30 m；交叉净距小于100 mm时，其交叉处也应跨接。当长金属物的弯头、阀门、法兰盘等连接处的过渡电阻大于0.03 Ω时，连接处应用金属线跨接。对有不少于5根螺栓连接的法兰盘，在非腐蚀环境下，可不跨接。

③建筑物内防闪电感应的接地干线与接地装置的连接，不应少于2处。

防止雷电流经引下线和接地装置时产生的高电位对附近金属物或电气和电子系统线路的反击时，应符合《建筑物防雷设计规范》的规定。

高度超过45 m的建筑物，除屋顶的外部防雷装置应符合上述防雷的规定外，尚应符合下列规定：

①对水平突出外墙的物体，当滚球半径45 m球体从屋顶周边接闪带外向地面垂直下降接触到突出外墙的物体时，应采取相应的防雷措施。

②高于60 m的建筑物，其上部占高度20%并超过60 m的部位应防侧击，防侧击应符合《建筑物防雷设计规范》的相关规定。

③外墙内、外竖直敷设的金属管道及金属物的顶端和底端，应与防雷装置等电位连接。

（三）第三类防雷建筑物的防雷措施

第三类防雷建筑物外部防雷的措施宜采用装设在建筑物上的接闪网、接闪带或接闪杆，也可采用由接闪网、接闪带和接闪杆混合组成的接闪器。接闪网、接闪带应按《建筑物防雷设计规范》规定沿屋角、屋脊、屋檐和檐角等易受雷击的部位敷设，并应在整个屋面组成不大于20 m×20 m或24 m×16 m的网格；当建筑物高度超过60 m时，首先应沿屋顶周边敷设接闪带，接闪带应设在外墙外表面或屋檐边垂直面上，也可设在外墙外表面或屋檐边垂直面外。接闪器之间应互相连接。突出屋面物体的保护措施应符合《建筑物防雷设计规范》的规定。

专设引下线不应少于2根，并应沿建筑物四周和内庭院四周均匀对称布置，其间距沿周长计算不应大于25 m。当建筑物的跨度较大，无法在跨距中间设引下线时，应在跨距两端设引下线并减小其他引下线的间距，专设引下线的平均间距不应大于25 m。

防雷装置的接地应与电气和电子系统等接地共用接地装置，并应与引入的金属管线做等电位连接。外部防雷装置的专设接地装置宜围绕建筑物敷设成环形接地体。

利用钢筋混凝土屋面、梁、柱基础内的钢筋作为引下线和接地装置时，应符合《建筑物防雷设计规范》的规定。

（四）防雷击电磁脉冲

在工程的设计阶段不知道电子系统的规模和具体位置的情况下，若预计将来会有需要防雷击电磁脉冲的电气和电子系统，应在设计时将建筑物的金属支撑物、金属框架或钢筋混凝土的钢筋等自然构件、金属管道、配电的保护接地系统等防雷装置组成一个接地系统，并应在需要之处预埋等电位连接板。

当电源采用 TN 系统时，从建筑物总配电箱起供电给本建筑物内的配电线路和分支线路必须采用 TN-S 系统。

防雷区的划分应按照《建筑物防雷设计规范》的规定。在两个防雷区的界面上宜将所有通过界面的金属物做等电位连接。当线路能承受所发生的浪涌电压时，浪涌保护器可安装在被保护设备外，而线路的金属保护层或屏蔽层宜首先于界面处做一次等电位连接，应符合屏蔽、接地和等电位连接的要求。

第二节　防雷装置

一、接闪器

接闪器是在防雷装置中用以接受雷云放电的金属导体。接闪器包括避雷计、避雷线、避雷带、避雷网等。所有接闪器都要经过接地引下线与接地体相连，可靠地接地。防雷装置的工频接地电阻要求不超过 10 Ω。

（一）避雷针

避雷针通常采用镀锌圆钢或镀锌钢管制成（一般采用圆钢），上部制成针尖形状。

避雷针较长时，针体可由针尖和不同管径的钢管段焊接而成。

一般采用的热镀锌圆钢或钢管制成时，其直径不应小于下列数值：针长 1 m 以下，圆钢为 12 mm，钢管为 20 mm；针长 1~2 m，圆钢为 16 mm，钢管为 25 mm；独立烟囱顶上的针，圆钢为 20 mm，钢管为 40 mm。

避雷针一般安装在支柱（电杆）上或其他构架、建筑物上。避雷针必须经引下线与接地体可靠连接。引下线一般采用圆钢或扁钢：圆钢直径不小于 8 mm；扁钢截面不小于

48 mm², 且厚度不小于 4 mm。装在烟囱上的引下线, 圆钢直径不小于 12 mm; 扁钢截面不小于 10 mm², 且厚度不小于 4 mm。

引下线安装可分为明装、暗装以及利用钢筋混凝土柱内的主筋三种方式。

第一种, 明装。支持引下线的固定支架 (俗称接地脚头), 可采用 25 mm×4 mm 的扁钢制作, 其在外墙应预先安装。引下线一般直接焊接在支架上。支架的间距, 当引下线做水平敷设时, 为 1~1.5 m; 做垂直安装时, 为 1.5~2 m。

引下线应离开建筑物出入口 3 m 以上, 一般应设置在建筑物周围拐角或山墙背面, 以尽量减少行人的接触, 避免雷电流对人员的伤害。此外, 引下线也应离开外墙上的落水管道。

引下线的安装应力求横平竖直, 在安装前, 应在地面上把其调直, 安装时, 应采用拉紧装置, 以保证引下线的平直。

当采用多根引下线时, 为便于测量接地电阻及检查引下线连接情况, 应在各引下线距地面 1.5~1.8 m 处设置断接卡。引下线与接闪器、引下线与接地装置以及引下线本身的连接, 都应采用搭接焊接, 严禁直接对接。搭接长度: 扁钢为宽度的 2 倍; 圆钢为直径的 6 倍。焊接时, 不得少三个支边, 两个长边必焊。

第二种, 暗装。引下线可以暗装在抹灰层内或伸缩缝中。安装方法与明装相同。但应注意它与墙上配电箱、电气管线、电气设备以及金属构件、工艺管道的安全距离, 以防止雷电流的危险, 引下线的断接卡, 应设置在暗筋内。

第三种, 利用建 (构) 筑物钢筋混凝土柱、梁等构件内的主钢筋做防雷引下线, 主钢筋必须保证具有贯通性的电气连接。当钢筋直径为 16 mm 及以上时, 应利用两根主钢筋作为一组引下线; 当钢筋直径为 10 mm 及以上时, 应利用四根主钢筋作为一组引下线。至于引下线的根数与坐标位置, 应与设计相符。

用作防雷引下线的主钢筋, 其上部应与接闪器焊接, 下部应在室外地坪 0.8~1 m 处焊出一根直径为 12 mm 的镀锌圆钢或 40 mm×4 mm 的镀锌扁钢。它应伸向室外距外墙皮距离不小于 1 m, 作为测量接地电阻的测量点。一般将测量端子设置在建筑的四角部分, 也可用地线将它引至底层配电柜的接地端子处。测量点的标高如无设计规定, 则测量点中心距地面的距离为 500 mm。

避雷针的作用原理是它能对雷电场产生一个附加电场 (这个附加电场由于雷云对避雷针产生静电感应而引起), 使雷电场发生畸变, 将雷云放电的通路, 由原来可能从被保护物通过的方向吸引到避雷针本身, 使雷云向避雷针放电, 然后由避雷针经引下线和接地体把雷电流泄放到大地中去, 这样使被保护物免受直击雷击。所以, 避雷针实质上是引雷针。

避雷针有一定的保护范围，其保护范围以它对直击雷保护的空间来表示。

在山地和坡地，应考虑地形、地质、气象及雷电活动的复杂性对避雷针降低保护范围的作用，因此避雷的保护范围应适当缩小。

（二）避雷线

避雷线一般用截面不小于 35 mm² 的镀锌钢绞线架设在架空线路上，以保护架空电力线路免受直击雷。由于避雷线是架空敷设而且接地，所以避雷线又叫架空地线。

避雷线的作用原理与避雷针相同，只是保护范围较小。

（三）避雷带和避雷网

避雷带是沿建筑物易受雷击的部位（如屋脊、屋檐、屋角等处）装设的带形导体。

避雷网是由屋面上纵横敷设的避雷带组成的。网格大小按有关规程确定，对于防雷等级不同的建筑物，其要求不同。

避雷带和避雷网采用镀锌圆钢或镀锌扁钢（一般采用圆钢），其尺寸规格不应小于下列数值：

圆钢直径为 8 mm。

扁钢截面积为 48 mm²，厚度为 4 mm。

烟囱顶上的避雷环采用镀锌圆钢或镀锌扁钢（一般采用圆钢），其尺寸不应小于下列数值：

圆钢直径为 12 mm。

扁钢截面积为 100 mm²，厚度为 4 mm。

避雷带（网）距屋面为 100~150 mm，支持卡间距离一般为 1~1.5 m，避雷带（网）安装分为明装和暗装两种。

明装适用于低层混合结构建筑，通常采用直径为 8 mm 的圆钢或截面为 48 mm² 的扁钢制成。避雷带距屋顶面为 0.1~0.15 m，支持卡距为 1.0~1.5 m。在建筑物的沉降缝处应留有 0.1~0.2 m 的余量。

暗装适用于钢筋混凝土框架建筑中，特别是在高层建筑物中常用。暗装避雷带（网）是利用建筑物面板钢筋作为避雷带（网），钢筋直径不小于 4 mm，并须连接良好。若层面装有金属杆或其他金属柱时，均应与避雷带（网）连接起来。它的引下线的位置视建（构）筑物的大小、形状由设计决定。但不宜少于两根，其间距不宜大于 30 m。

此外，避雷带（网）要沿房屋四周敷设成闭合回路，并与接地装置相连。

二、引下线

引下线是将雷电流从接闪器传导至接地装置的导体。引下线的材料、结构和最小截面应符合《建筑物防雷设计规范》的规定。宜利用建筑物钢筋混凝土中的钢筋和圆钢、扁钢作为引下线，也可利用建筑物中的金属构件。金属烟囱、烟囱的金属爬梯等可以作为引下线，但其所有部件之间均应连成电气通路。

宜采用热镀锌圆钢或扁钢，宜优先采用圆钢。当独立烟囱上的引下线采用圆钢时，其直径不应小于 12 mm；采用扁钢时，其截面不应小于 100 mm²，厚度不应小于 4 mm。

利用混凝土中钢筋做引下线时，引下线应镀锌，焊接处应涂防腐漆。在腐蚀性较强的场所，还应适当加大截面或采取其他的防腐措施。

专设引下线宜沿建筑物外墙壁敷设，并应以最短路径接地，对建筑艺术要求较高时也可暗敷，但截面应加大一级。

采用多根专设引下线时，为了便于测量接地电阻及检查引下线、接地线的连接状况，宜在各引下线距地面 0.3~1.8 m 之间设置断接卡。

当利用钢筋混凝土中的钢筋、钢柱作为引下线并同时利用基础钢筋作为接地装置时，可不设断接卡。但利用钢筋作为引下线时，应在室外适当地点设置若干连接板，供测量接地、接人工接地体和等电位联结用。当利用钢筋混凝土中钢筋作为引下线并采用人工接地时，应在每根引下线距地面不低于 0.3 m 处设置具有引下线与接地装置连接和断接卡功能的连接板。采用埋于土壤中的人工接地体时，应设断接卡，其上端应与连接板或钢柱焊接，连接板处应有明显标志。

利用建筑钢筋混凝土中的钢筋作为防雷引下线时，其上部（屋顶上）应与接闪器焊接，下部在室外地坪下 0.8~1 m 处焊出一根直径为 12 mm 或 40 mm×4 mm 镀锌导体，此导体伸向室外，距外墙皮的距离应不小于 1 m，并应符合下列要求：

第一，当钢筋直径为 16 mm 及以上时，应利用两根钢筋（绑扎或焊接）作为一组引下线。

第二，当钢筋直径为 10 mm 及以上时，应利用 4 根钢筋（绑扎或焊接）作为一组引下线。

当建筑钢、构筑物钢筋混凝土内的钢筋具有贯通性连接（绑扎或焊接），并符合规格要求时，竖向钢筋可作为引下线；横向钢筋与引下线有可靠连接（绑扎或焊接）时可作为均压环。

在易受机械损坏的地方，地面上约 1.7 m 至地面下 0.3 m 的这一段引下线应加保护设施。

三、接地网

民用建筑中，宜优先把钢筋混凝土中的钢筋作为防雷接地网。条件不具备时，宜采用圆钢、钢管、角钢或扁钢等金属体作为人工接地极。

埋于土壤中的人工垂直接地体宜采用热镀锌角钢、钢管或圆钢；埋于土壤中的人工水平接地体宜采用热镀锌扁钢或圆钢。接地线应与水平接地体的截面相同。垂直接地体的长度宜为 2.5 m，其间距以及人工水平接地体的间距宜为 5 m，当受地方限制时可适当减小。

接地极及其连接导体应热镀锌，焊接处应涂防腐漆。在腐蚀性较强的土壤中，还应适当加大其截面或采取其他防腐措施。接地极埋设深度不宜小于 0.6 m，接地极应远离由于高温影响使土壤电阻率升高的地方。

当防雷装置引下线大于或等于两根时，每根引下线的冲击接地电阻均应满足对该建筑物所规定的防直击雷冲击接地电阻值。

为降低跨步电压，防直击雷的人工接地装置距建筑物入口处及人行道不应小于 3 m，当小于 3 m 时应采取下列措施之一：水平接地体局部深埋不应小于 1 m；水平接地体局部包以绝缘物；采用沥青碎石地面或在接地装置上面敷设 50~80 mm 沥青层，其宽度超过接地装置 2 m。

在高土壤电阻率地区，降低防直击雷冲击接地电阻宜采用下列方法：

①采用多支线外引接地装置，外引长度不应大于有效长度，有效长度应符合《建筑物防雷设计规范》的规定。

②接地体埋于较深的低电阻率土壤中。

③换土。

④采用降阻剂。

第三节　过压保护设备

一、避雷器

避雷器能减轻或避免雷电过电压侵入危害，用于保护线路和设备。它与被保护设备并联连接。它有两个接线端，一端接大地，另一端接在输电线路上，没有雷电时两端之间是断开的，有雷电引起过电压时，两端之间导通，过电压降低，雷电电流被导入大地，从而起到避雷作用。

避雷器分为保护间隙、管式避雷器、阀式避雷器和氧化锌避雷器四种。

（一）保护间隙

常用的羊角形保护间隙有两个保持一定距离的金属电极，一个电极固定在绝缘子上与带电导线连接，另一个电极通过辅助间隙与大地连接。正常情况下，保护间隙的两极是绝缘的，当产生雷电过电压时，间隙被击穿，雷电电流被导入大地。额定电压为 3~10 kV 的保护间隙的间隙距离很小，一般为 8~25 mm。为防止昆虫、鸟类、树枝等将间隙短路，常设一个辅助间隙，间隙距离一般为 5~10 mm。

保护间隙是最简单的避雷器，维护方便，价格便宜，应用广泛，但灭弧能力较差，放电后，电极有可能被烧毁，在电动力的作用下间隙距离也可能发生变动。所以，在装有保护间隙的线路上，一般都装有自动重合闸装置，以提高供电可靠性。保护电力变压器的角型间隙，要求装在高压熔断器的内侧，即靠近变压器的一侧，这样在间隙放电后，熔断器能迅速熔断以减少变电所、线路断路器的跳闸次数，并缩小停电范围。

保护间隙在运行中要加强维护检查，特别要注意间隙是否完好、间隙距离有无变动、接地是否完好。保护间隙宜用在电压不高并且不太重要的线路上，或用于农村的线路上。

（二）管式避雷器

管式避雷器的结构和接线方法由内外间隙、灭弧管和瓷套组成，其原理和保护间隙的原理一样，区别在于管式避雷器有灭弧管和瓷套。灭弧管由纤维、塑料或橡胶等产气材料制成，在电弧的高温作用下产生大量气体，高压气体从管内喷出而吹灭电弧。随着产气次数的增加，灭弧管内径增大，当增加 20% 时灭弧管不能再使用。瓷套主要起密封绝缘等作用。

为了保证管式避雷器可靠工作，在选择管式避雷器时，开断续流的上限应不小于安装处短路电流最大有效值（不考虑非周期分量）。

管式避雷器适用于 3~10 kV 线路，特别适用于电网容量小、雷电活动多而强的农村、山区和施工工地。

（三）阀式避雷器

阀式避雷器由火花间隙、非线性电阻和瓷套组成，实际上火花间隙是用多个间隙串联而成，这样保护性能好。串联的各间隙上并联着均压电阻，使各间隙承受的雷电压相等，这样能提高避雷器承受雷电压的能力。非线性电阻由碳化硅制成，其阻值不是一个常数。正常电压时阻值很大，当过电压时阻值减小，像阀门打开那样让电流流过，当雷电流消失后又恢复常态，故称阀式避雷器。

火花间隙和非线性电阻相串联。低压阀式避雷器中串联的火花间隙和阀电阻片少；高压阀式避雷器中串联的火花间隙和阀电阻片多，而且随电压的升高数量增多。

正常工作电压情况下，阀型避雷器的火花间隙阻止线路工频电流通过，但在线路上出现高电压波时，火花间隙就被击穿，很高的高电压波就加到阀电阻片上，阀电阻片的电阻便立即减小，使高压雷电流畅通地向大地泄放。过电压一消失，线路上恢复工频电压时，阀电阻片又呈现很大的电阻，火花间隙绝缘也迅速恢复，线路便恢复正常运行。

阀式避雷器适用于 3~550 kV 线路，种类较多，应用广泛，特别适用于高压变配电所。

（四）氧化锌避雷器

氧化锌避雷器是 20 世纪 70 年代初期出现的压敏避雷器，它是以金属氧化锌微粒为基体，与精选过的能够产生非线性特性的金属氧化物（如氧化铋等）添加剂高温烧结而成的非线性电阻。

氧化锌避雷器的工作原理是：在正常工作电压下，具有极高的电阻，呈绝缘状态；当电压超过其超导启动值时（如雷电过电压等），氧化锌阀片电阻变得极小，呈"导通"状态，将雷电流畅通向大地泄放。等过电压消失后，氧化锌阀片电阻又呈现高电阻状态，使"导通"终止，恢复原始状态。

氧化锌避雷器实质上是一个非线性电阻，又称压敏电阻。它不需要火花间隙，用氧化锌和氧化铋烧结而成，其非线性特性已接近理想阀体，正常电压作用下相当于开路，雷电压作用下相当于通路，不会被烧坏，雷电压过后立即恢复到高电阻状态，是国家推荐使用的产品。

氧化锌避雷器动作迅速，通流量大，伏安特性好，残压低，无续流，因此它一诞生就受到广泛的欢迎，并很快在电力系统中得到应用。氧化锌避雷器分高压和低压两种，高压型适用于各种室外防雷场合，低压型适用于室内防雷。

二、浪涌保护器

浪涌保护器（SPD）是一种为各种电子设备、仪器仪表、通信线路提供安全防护的非线性阻性元件。当电气回路或通信线路中因外界的干扰而突然产生尖峰电流或者电压时，浪涌保护器能在极短的时间内导通分流,从而避免了设备的损害。

施加其两端的电压 U 和触发电压 U_d(对不同产品 U_d 为标准给定值)不同,工作方式不同。

第一,当 $U < U_d$ 时,SPD 的电阻很高(1 MΩ),只有很小的漏电电流(<1 mA=通过)。

第二,当 $U > U_d$ 时,SPD 的电阻减小到只有几欧姆,瞬间泄放过电流,使电压突降;待 $U < U_d$ 时 SPD 又呈现高阻性。

SPD 广泛用于低压配电系统,用以限制电网中的大气过电压,使其不超过各种电气设备及配电装置所能承受的冲击耐受电压,保护设备免受由雷电造成的危害。但是 SPD 不能保护暂时的工频过电压。

按照工作原理,分为以下三类:

(一)开关型

其工作原理是,无瞬时过电压时呈现高阻性,一旦有雷电瞬时过电压时,其阻抗就突变为低值,允许雷电流通过。用作此类装置的器件有放电间隙、气体放电管、闸流晶体管等。

(二)限压型

其工作原理是,当没有瞬时过电压时为高阻抗,但随电缆电流和电压的增加,其阻抗会不断减小,其电流电压特性为强烈非线性。用作此类装置的器件有氧化锌、压敏电阻、抑制二极管、雪崩二极管等。

(三)分流型和扼流型

分流型与被保护的设备并联,对雷电脉冲呈现为低阻抗,而对正常工作频率呈现为高阻抗;扼流型与被保护的设备串联,对雷电脉冲呈现为高阻抗,而对正常工作频率呈现为低阻抗。用作此类装置的器件有扼流线圈、高通滤波器、低通滤波器、1/4 波长短路器等。

按照用途,分为以下两类:

第一,电源保护器:交流电源保护器、直流电源保护器、开关电源保护器等。

第二,信号保护器:低频信号保护器、高频信号保护器、天线保护器等。

浪涌保护器的类型和结构按不同的用途有所不同,但它应至少包含一个非线性电压限制元件。用于电涌保护器的基本元器件有:放电间隙、充气放电管、压敏电阻、抑制二极管和扼流线圈等。

第四节　接地与接零

一、接地与接零的基本概念

（一）接地

接地就是将电气设备的某一可导电部分与大地之间用导体做电气连接。在理论上，电气连接是指导体与导体之间电阻为零的连接；实际上，用金属等导体将两个或两个以上的导体连接起来也可称为电气连接，又称为金属性连接。

有关接地的名词与作用包括：

1. 接地体

接地体是用来直接与土壤接触，有一定流散电阻的一个或多个金属导体，如埋在地下的钢管、角钢等。接地体除专门埋设以外，还可利用工程上已有各种金属构件、金属井管、钢管混凝土建（构）筑物的基础等充当，这种接地体称为自然接地体。

2. 接地线

接地线是电气装置、机械设备应接地部分与接地体连接所用的金属导体。常用的有绝缘的多股铜线（截面不小于 2.5 mm^2）、扁钢、圆钢等。

3. 接地装置

接地装置是接地体和接地线的总和。

4. 接地电流

接地电流是由于电气设备绝缘损坏而产生的经接地装置而流入大地的电流，又称接地短路电流。

5. 流散电阻

流散电阻包括接地体与土壤接触之间的电阻和土壤的电阻。

6. 接地电阻

接地电阻包括接地线的电阻、接地体本身的电阻及流散电阻。接地电阻的数值等于接地装置对地电压与通过接地体流入地中电流的比值。通过接地体流入地中的工频电流求得的接地电阻，称为工频接地电阻。通过接地体流入地中冲击电流（雷击电流）求得的接地电阻，称为冲击接地电阻。

7. 对地电压

对地电压是漏电设备的电气装置的任何一部分（导线、电气设备、接地体）与位于地中散流电流带以外的土壤各点间的电压。

8. 接触电压

接触电压是在接地短路电流回路上，人们同时触及的两点之间的电位差。

9. 跨步电压

跨步电压是地面上相互距离为一步（0.8 m）的两点之间因接地短路电流而造成的电压。跨步电压主要与人体和接地体之间的距离、跨步的大小和方向以及接地电流大小等因素有关。

10. 安全电压

国际上公认在工频交流情况下，流经人体的电流与电流在人体持续时间的乘积等于 30 mA·s 为安全界限值。我国的安全电压额定值的等级为 42 V、36 V、24 V、12 V 和 6 V。

（二）接零

接零就是把电气设备在正常情况下将不带电的金属部分与电网的零线紧密连接，有效地起到保护人身和设备安全的作用。

有关接零的名词及作用包括：

1. 零线

零线是与变压器直接接地的中性点连接的导线。

2. 工作零线

工作零线是电气设备因运行需要而引接的零线。

3. 专用保护接零线

专用保护接零线是由工作接地线或配电箱的零线或第一级漏电保护器的电源侧的零线引出，专门用以连接电气设备正常不带电导电部分的导线。

4. 工作接零

工作接零是指电气设备因运行需要，而与工作零线连接。

5. 保护接零

保护接零是指电气设备或施工机械设备的金属外壳、构架与保护零线连接，又称接零保护。采用接零保护不是为了降低接触电压和减小流经人体的电流，而是当电气设备发生碰壳或接地短路故障时，短路电流经零线而形成闭合回路，使其变成单相短路故障；较大的单相短路电流使保护装置准确而迅速动作，切断事故电源，消除隐患，确保人身的安全。切断故障一般不超过 0.1 s。因此，在中性点直接接地的电网系统中，没有保护装置是绝对不容许的。采用保护接零时电源中性点必须有良好的接地。

二、接地类别

（一）工作接地

在正常或故障情况下，为了保证电气设备能安全工作，必须把电力系统（电网上）某一点，通常为变压器的中性点接地，称为工作接地。此种接地可直接接地或经电阻接地、经电抗接地、经消弧线圈接地。

（二）保护接地

在正常情况下把不带电而在故障情况下可能呈现危险的对地电压的金属外壳和机械设备的金属构件，用导线和接地体连接起来，称为保护接地。

保护接地的作用是降低接触电压和减小流经人体的电流，避免和减轻触电事故的发生。通过降低接地的电阻值，最大限度地保障人身安全。

在中性点非直接接地的低压电力网中，电力装置应采用低压保护接地。保护接地的接地电阻一般不大于 4 Ω。

（三）重复接地

在中性点直接接地的系统中，除在中性点直接接地以外，为了保证接地的作用和效果，还须在中性线上的一处或多处再做接地，称为重复接地。重复接地电阻应小于 10 Ω。

保护接零系统中重复接地的作用：

当系统发生零线断线时，可降低断线处后面零线的对地电压。

当系统中发生碰外壳或接地短路时，可以降低零线的对地电压。

当三相负载不平衡而零线又断裂的情况下，能减轻和消除零线上电压的危险。

（四）防雷接地

防雷装置（避雷针、避雷器、避雷线等）的接地，称为防雷接地。防雷接地设置的主要作用是当雷击防雷装置时，将雷电流泄入大地。

三、接地与接零的保护作用

（一）接地的安全保护作用

当电气设备发生接地短路时，电流通过接地体向大地做半球形散开，因为球面积与半径的平方成正比，所以半球形的面积随着远离接地体而迅速增大。因此，与半球形面积对应的土壤电阻随着远离接地体而迅速减小，至离开接地体 20 m 处，半球形面积达 2 500 m²，土壤电阻已小到可以忽略不计。故可认为远离接地体 20 m 以外，地中电流所产生的电压降已接近于零。电工上通常所说的"地"，就是零电位。理论上的零电位在无穷远处，实际上距离接地体 20 m 处，已接近零电位，距离 60 m 处则是事实上的"地"。反之，接地体周围 20 m 以内的大地，不是"地"（零电位）。

在中性点对地绝缘的电网中带电部分意外碰壳时，接地电流将通过接触碰壳设备的人体和电网与大地之间的电容构成回路，流过故障点的接地电流主要是电容电流。在一般情况下，此电流是不大的。但是如果电网分布很广，或者电网绝缘强度显著下降，这个电流可能达到危险程度，因此有必要采取安全措施。

如果电气设备采取了接地措施，这时通过人体的电流仅是全部接地电流的一部分。显然，接地电阻是与人体电阻并联的，接地电阻越小，流经人体的电流也越小，如果限制接地电阻在适当的范围内，就能保障人身安全。所以，在中性点不接地系统中，凡因绝缘损坏而可能呈现对地电压的金属部分（正常时是不带电的）均应接地。

（二）接零的安全保护作用

在变压器中性点直接接地的三相四线制系统中，通常采用接零作为安全措施。这是因为，电气设备接零以后，如果一相带电部分碰连设备外壳，则通过设备外壳形成相线对零线的单相短路，短路电流总是超出正常电流许多倍，能使线路上的保护装置迅速动作，从而使故障部分脱离电源，保障安全。

因此，在 380/220 V 三相四线制中性点直接接地的电网中，凡因绝缘损坏而可能呈现对地电压的金属部分均应接零。

对采用接零保护的电气设备，当其带电部分碰壳时，短路电流经过相线和零线形成回路，此时设备的对地电压等于中性点对地电压和单相短路电流在零线中产生电压降的相量和，显然，零线阻抗的大小直接影响到设备对地电压，而这个电压往往比安全电压高出很多。为了改善这种情况，在设备接零处再加一接地装置，可以降低设备碰壳时的对地电压，这种接地称为重复接地。

重复接地的另一重要作用是当零线断裂时减轻触电危险。但是，尽管有重复接地，零线断裂的情况还是要避免的。

重复接地有下列好处：当零线断裂时能起到保护作用；能使设备碰壳时短路电流增大，加速线路保护装置的动作；降低零线中的电压损失。

采用保护接零应注意下列问题：

一是保护接零只能用在中性点直接接地的系统中。

若在中性点对地绝缘的电网中采用保护接零，则在一相碰地时故障电流会通过设备和人体回到零线而形成回路，故障电流不大，线路保护装置不会动作，此时，人受到威胁，而且使所有接零设备都处于危险状态。

二是在接零系统中不能一些设备接零，而另一些设备接地。在接零系统中，若某设备只采取了接地措施而未接零，则当该设备发生碰壳时，故障电流通过该设备的接地电阻和中性点接地电阻而构成回路，电流不一定会很大，线路保护设备可能不会动作，这样就会使故障长时间存在。这时，除了接触该设备的人有触电危险外，由于零线对地电压升高，使所有与接零设备接触的人都有触电危险。因而，这种情况是不允许的。

如果把该设备的外壳再同电网的零线连接起来，就能满足安全要求了。这时，该设备的接地成了系统的重复接地，对安全是有益无害的。这里再重申一下，禁止在一个系统中同时采用接地制和接零制。

三是保护零线上不得装设开关或熔断器。

由于断开保护零线会使接零设备呈现危险的对地电压，因此禁止在保护零线上装设开关或熔断器。

四、接地接零保护系统基本要求

国际电工委员会将电力系统的接地形式分为 IT、TT 和 TN 三类，这些字母分别有其不同的含义。

第一个字母为 I 时，表示电力系统中性点不接地或经过高阻抗接地，第一个字母为 T 时，表示电力系统中性点直接接地。

第二个字母为 T 时，表示电力设备外露可导电部分（指正常时不带电的电气设备金属外壳）与大地做直接电气连接；第二个字母为 N 时，表示电气设备外露可导电部分与电力系统中性点做直接电气连接。

从上面的分类可以看出，IT 系统就是接地保护系统，TT 系统就是将电气设备的金属外壳做接地保护的系统，而 TN 系统就是将电气设备的金属外壳做接零保护的系统。

（一）IT 系统

IT 系统是指在中性点不接地或经过高阻抗接地的电力系统中，用电设备的外露可导电部分经过各自的 PE 线（保护接地线）接地。

在 IT 系统中，由于各用电设备的保护接地 PE 线彼此分开，经过各自的接地电阻接地，因此只要有效地控制各设备的接地电阻在允许范围内，就能有效地防止人身触电事故的发生。同时，各 PE 线由于彼此分开而没有干扰，其电磁适应性也较强。但当任何一相发生故障接地时，大地即作为相线工作，系统仍能继续运行，此时如另一相又接地，则会形成相间短路，造成危险。因而，在 IT 系统中必须设置漏电保护器，以便在发生单相接地时切断电路，及时处理。

（二）TT 系统

TT 系统是指在电源（变压器）中性点直接接地的电力系统中，电气设备的外露可导电部分，通过各自的 PE 线直接接地的保护系统。

由于在 TT 系统中电力系统直接接地，用电设备通过各自的 PE 线接地，因而在发生某一相接地故障时，故障电流取决于电力系统的接地电阻和 PE 线的接地电阻，故障电流往往不足以使电力系统中的保护装置切断电源，这样故障电流就会在设备的外露可导电部分呈现危险的对地电压。如果在环境条件比较差的场所使用这种保护系统的话，很可能达不到漏电保护的目的。另外，TT 保护系统还需要系统中每一个用电设备都通过自己的接地装置接地，施工工程量也较大，所以在施工现场不宜采用 TT 保护系统。

（三）TN 系统

TN 系统是指在中性点直接接地的电力系统中，将电气设备的外露可导电部分直接接零的保护系统。根据中性线（工作零线）和保护线（保护零线）的配置情况，TN 系统又可分为 TN-C 系统、TN-S 系统和 TN-C-S 系统。

1. TN-C 系统

在 TN 系统中，将电气设备的外露可导电部分直接与中性线相连以实现接零，就构成了 TN-C 系统。在 TN-C 系统中，中性线（工作零线）和保护线（保护零线）是合二为一的，称为保护中性线，用符号 PEN 表示。

TN-C 系统由三根相线 A、B、C 和一根保护中性线 PEN 构成，因而又称四线制系统。

由于工作零线和保护零线合并为保护中性线 PEN，当系统三相不平衡或仅有单相用电设备时，PEN 线上就流有电流，呈现对地电压，导致保护接零的所有用电设备外壳带电，带电的电压值等于故障电流在电力系统接地电阻上产生的电压降加上在保护中性线上产生的电压降。如果电力系统接地电阻足够小，还需要保护中性线的电阻足够小，才能保证接零设备外壳的对地电压不超过危险值，这就需要选择足够大截面的保护中性线以降低其电阻值。这样操作起来不仅不经济，而且也不一定就能保证外壳的对地电压不超过安全电压。况且在施工现场因为操作环境条件的恶劣或其他原因，很有可能使保护中性线断裂。一旦保护中性线断裂，所有断裂点以后的接零设备的外壳都将呈现危险的对地电压，因而在施工现场不得采用 TN-C 系统。

2. TN-S 系统

在 TN-S 系统中，从电源中性点起设置一根专用保护零线，使工作零线和保护零线分别设置，电气设备的外露可导电部分直接与保护零线相连以实现接零，这样就构成了 TN-S 系统。

TN-S 系统由三根相线 A、B、C、一根工作零线 N 和一根保护零线 PE 构成，所以又称为五线制系统。在 TN-S 系统中，用电设备的外露可导电部分接到 PE 线上，由于 PE 线和 N 线分别设置，在正常工作时即使出现三相不平衡的情况或仅有单相用电设备，PE 线上也不呈现电流，因此设备的外露可导电部分也不呈现对地电压。同时因仅有电力系统一点接地，在出现漏电事故时也容易切断电源，因而 TN-S 系统既没有 TT 系统那种不容易切断故障电流，每台设备须分别设置接地装置等的缺陷，也没有 TN-C 系统的接零设备外壳容易呈现对地电压的缺陷，安全可靠性高，多使用在环境条件比较差的地方。因此，在施工现场专用的中性点直接接地的电力线路中必须采用 TN-S 接零系统。

3. TN-C-S 系统

在 TN-C 系统的末端将保护中性线 PEN 线分为工作零线 N 和保护零线 PE，即构成了 TN-C-S 系统。

采用 TN-C-S 系统时，如果保护中性线从某一点分为保护零线和工作零线后，就不允许再相互合并。而且在使用中不允许将具有保护零线和工作零线两种功能的保护中性线切断，只有在切断相线的情况下才能切断保护中性线，同时，保护中性线上不得装设漏电保护器。

五、常用设备、设施的接地、接零基本要求

(一) 中性点直接接地的电力系统

对于中性点直接接地的电力系统，施工现场的接地保护系统必须采用 TN-S 系统保护

接零。要达到上述要求，具体的接线方式如下：

第一，总配电箱（配电室）的电网进线采用三相四线（相线 A、B、C 和工作零线 N）时，在总配电箱（配电室）内设置工作零线 N 接线端子和保护零线 PE 接线端子，引入的工作零线 N 在总配电箱（配电室）内做重复接地，接地电阻不得大于 4 Ω，用连接导体连接工作零线 N 接线端子和保护零线 PE 接线端子。

第二，总配电箱（配电室）的出线采用三相五线（相线 A、B、C、工作零线 N 和保护零线 PE）时，出线连接到分配电箱，分配电箱内也分别设置工作零线 N 接线端子和保护零线 PE 接线端子，但不得在两者之间做任何电气连接。分配电箱到各开关箱的连接接线要视开关箱的电压等级而定，如果是 380 V 开关箱，需要四芯线连接（相线 A、B、C 和保护零线 PE）；如果是 220 V 开关箱则只需要三芯线连接（一根相线、一根工作零线 N 和一根保护零线 PE）；如果是 380/220 V 开关箱就需要五芯线连接（相线 A、B、C、工作零线 N 和保护零线 PE）。

对于采用 TN-S 系统，应符合下列要求：

①保护零线严禁通过任何开关和熔断器。

②保护零线作为接零保护的专用线使用，不得挪作他用。

③保护零线除了在总配电箱的电源侧零线引出外，在其他任何地方都不得与工作零线做电气连接。

④保护零线严禁穿过漏电保护器，工作零线必须穿过漏电保护器。

⑤电箱内应设工作零线 N 和保护零线 PE 两块端子板，保护零线端子板应与金属电箱相连，工作零线端子板应与金属电箱绝缘。

⑥保护零线的截面积不得小于工作零线的截面积，同时必须满足机械强度要求。

⑦保护零线的统一标志为黄/绿双色线，在任何情况下不得将其作为负荷线使用。

⑧重复接地必须接在保护零线上，工作零线上不得做重复接地，因为工作零线做重复接地，漏电保护器会出现错误动作。

⑨保护零线除了在总配电箱处做重复接地以外，还必须在配电线路的中间和末端做重复接地。在一个施工现场，重复接地不能少于三处，配电线路越长，重复接地的作用越明显。

⑩在设备比较集中的地方，如搅拌机棚、钢筋作业区等应做一组重复接地，在高大设备处如塔式起重机、施工升降机、物料提升机等也必须做重复接地。

（二）中性点对地绝缘或经高阻抗接地的电力系统

对于中性点对地绝缘或经高阻抗接地的电力系统，必须采用 IT 系统保护接地。而接地方式只需要对上述方法稍作改动就能满足 IT 系统的要求，即在总配电箱，将工作零线 N 接线端子和保护零线 PE 接线端子之间的连接导体拆除，再将保护零线 PE 接线端子接地即可。

(三) 电子设备接地

电子设备应同时具有信号电路接地（信号地）、电源接地和保护接地等三种接地系统。

电子设备信号电路接地系统的形式，可以由接地导体长度和电子设备的工作频率来进行确定，并且应符合下列规定：

第一，当接地导体长度小于或等于 0.02λ（λ 为波长），频率为 30 kHz 及以下时，宜采用单点接地形式，信号电路可以采用一点做电位参考点，再将该点连接至接地系统。

采用单点接地形式时，宜先将电子设备的信号电路接地、电源接地和保护接地分开敷设的接地导体接至电源室的接地总端子板，再将端子板上的信号电路接地、电源接地和保护接地接在一起，采用一点式（S 形）接地。

第二，当接地导体长度大于 0.02λ，频率大于 300 kHz 时，宜采用多点接地形式；信号电路应采用多条导电通路与接地网或等电位面连接。

多点接地形式宜将信号电路接地、电源接地和保护接地接在一个公用的环状接地母线上，采用多点式（M 形）接地。

第三，混合式接地是单点接地和多点接地的组合，频率为 30~300 kHz 时，宜设置一个等电位接地平面，以满足高频信号多点接地的要求，再以单点接地形式连接到同一接地网，以满足低频信号的接地要求。

接地系统的接地导体长度不得等于 $\lambda/4$ 或 $\lambda/4$ 的奇数倍。

除另有规定外，电子设备接地电阻值不宜大于 4 Ω。电子设备接地宜与防雷接地系统共用接地网，接地电阻不应大于 1 Ω。

当电子设备接地与防雷接地系统分开时，两接地网的距离不宜小于 10 m。

电子设备可根据需要采取屏蔽措施。

(四) 电子计算机接地

大、中型电子计算机接地系统应符合下列规定：

电子计算机应同时具有信号电路接地、交流电源功能接地和安全保护接地三种接地系统。这三种接地的接地电阻值均不宜大于 4 Ω。电子计算机的信号系统，不宜采用悬浮接地。

电子计算机的三种接地系统宜共用接地网。

当采用共用接地方式时，其接地电阻应以各种接地系统中要求接地电阻最小的接地电阻值为依据。当与防雷接地系统共用时，接地电阻值不应大于 1 Ω。

计算机系统接地导体的处理应满足下列要求：

①计算机信号电路接地不得与交流电源的功能接地导体相短接或混接。

②交流线路配线不得与信号电路接地导体紧贴或近距离地平行敷设。

电子计算机房可根据需要采取防静电措施。

第五节　等电位联结

等电位联结是将建筑物中各电气装置和其他装置外露的金属及可导电部分与人工或自然接地体用导体连接起来，以达到减少电位差的目的。

一、总等电位联结（MEB）

总等电位联结作用于全建筑物，在一定程度上可降低建筑物内间接接触电击的接触电压和不同金属部件间的电位差，并消除自建筑物外经电气线路和各种金属管道引入的危险故障电压的危害。它应通过进线配电箱近旁的接地母排（总等电位联结端子板）将下列可导电部分互相连通：

①进线配电箱的 PE（PEN）母排。

②公用设施的金属管道，如上、下水，热力，燃气等管道。

③建筑物金属结构。

④如果设置有人工接地，也包括其接地极引线。

在建筑物的每一电源进线处，一般设有总等电位联结端子板，由总等电位联结端子板与进入建筑物的金属管道和金属结构构件进行连接。

需要注意的是，在与煤气管道做等电位联结时，应采取措施将管道处于建筑物内、外的部分隔离开，以防止将煤气管道作为电流的散流通道（即接地极），并且防止雷电流在煤气管道内产生火花，在此隔离两端应跨接火花放电间隙。

二、辅助等电位联结（SEB）

将两导电部分用导线直接做等电位联结，使故障接触电压降至接触电压限值以下，称作辅助等电位联结。在下列情况下须做辅助等电位联结：

①电源网络阻抗过大，使自动切断电源时间过长，不能满足防电击要求时。

②自 TN 系统同一配电箱供给固定式和移动式两种电气设备，而固定式设备保护电器切断电源时间不能满足移动式设备防电击要求时。

③须满足浴室、游泳池、医院手术室等场所对防电击的特殊要求时。

三、局部等电位联结（LEB）

当需要在局部场所范围内做多个辅助等电位联结时，可通过局部等电位联结端子板将下列部分互相连通，以简便地实现该局部范围内的多个辅助等电位联结，称作局部等电位联结。

①PE 母线或 PE 干线。

②公用设施的金属管道。

③建筑物金属结构。

局部等电位联结一般用于浴室、游泳池、医院手术室等场所，发生电气事故的危险性较大，要求更低的接触电压，在这些局部范围需要多个辅助等电位联结才能达到要求，这种联结称之为局部等电位联结。一般局部等电位联结也有一个端子板或者成环形。简单地说，局部等电位联结可以看成是在局部范围内的总等电位联结。

需要注意的是，如果浴室内原无 PE 线，浴室内局部等电位联结不得与浴室外的 PE 线相连，因为 PE 线有可能因别处的故障而带电位，反而能引入别处电位。如果浴室内有 PE 线，浴室内的局部等电位联结必须与该 PE 线相连。

四、等电位联结的作用

（一）雷击保护

等电位联结是内部防雷措施的一部分。防雷装置直接安装在建筑物上，将建筑物内各种金属物体和进出建筑物的各种金属管道进行可靠连接，并与接地装置相连，形成一个等电位联结网络，使雷击到建筑物时，通过金属管道或是其他金属部件传输的雷电流不会在屋内形成电位差，避免出现因火花放电而形成的火灾、爆炸、生命危险和设备损坏等安全事故。

（二）静电防护

静电是指当不同的电介质接触时，分布在表面内部的电荷从一个物体迁移到另一个物体，使得一个物体带正电，一个物体带负电。传送或分离固体绝缘物料、输送或搅拌粉体物料、流动或冲刷绝缘液体、高速喷射蒸汽或气体，都会产生和积累危险的静电。静电电量虽然很小，但电压很高，容易产生火花放电，引起火灾、爆炸或电击。等电位联结可以将静电电荷收集并传送到接地网，消除和防止静电危害。

（三）电磁干扰防护

在现代化工厂中，有很多可以产生 10 000 A 脉冲电流的设备，如电动机、电焊机、整流器、变频器、变压器和开关柜等，这些设备会对敏感的电子设备或其信号线缆造成电磁骚扰，严重时会发生数据丢失、系统崩溃等。通常，采用必要的屏蔽措施，并在机房或是数据中心设立等电位联结系统，实现良好的电气连接，最大限度地减小电位差，使外部电流不能侵入系统，得以有效防护电磁干扰。

（四）触电保护

工厂中的电气设备外壳虽然与 PE 线联结，但仍可能会出现足以引起伤害的电位，如发生短路、绝缘老化、中性点偏移或外界雷电等出现危险电位差时，人受到电击的可能性非常大。等电位联结使电气设备外壳与其他发生事故时可能触碰到的金属构件或建筑构件电位相等，可以极大地避免或降低电击的伤害。

五、等电位联结设计

（一）总等电位联结

在厂房建筑内总配电箱的附近设立总等电位联结箱，内设联结端子板，端子板采用 40×4 mm² 的紫铜板，具体长度应根据需要联结出线数决定，如厂房有多路电源进线，应设计多个等电位联结箱，并采用导体将等电位联结端子板环形联结，然后就近将基础接地网、MEB 接地母排和下列可导电部分进行等电位联结：

①进出建筑物的所有金属管道，例如进出水管、风管、压缩空气管、燃气管道等。

②在正常生产维护过程中有可能触碰到的可导电部分，例如设备金属外壳、设备基础、起重机轨道等。

③防雷引下线以及厂房钢筋混凝土结构中的钢筋。

④配电柜（箱）的 PE 排。

需要特别注意的是，电源进线箱的 PE 排不能作为总等电位联结端子板，很多人认为在哪里联结都可以，进线箱的 PE 排就很方便，能省去总等电位联结端子箱安装和制作，这是绝对不允许的。因为进线箱内有很多带电母排和元器件，容易引起接地故障和触电危险。

总等电位联结导体的截面一般不小于进线 PE 导体截面积的一半，联结导体的最小值为 6 mm² 铜导体或 50 mm² 钢导体，最大值为 25 mm² 的铜导体或与其载流量相同的钢导体，在工厂中一般不建议采用铝导体。

总等电位联结虽然能降低接触电压，但是，如果电气设备距离总等电位联结端子箱较远的时候，保护电器的切断时间和接触电压都有可能超过规范中规定的限值。这时，就应该设立辅助等电位联结或局部等电位联结。

（二）辅助等电位联结

当在厂房伸臂范围内及人体躯干有可能同时接触的电气设备或是电气设备与外界可导电部分时，应做辅助等电位联结，即直接用导体将两个设备相连。一般认为两个设备最小距离小于 2.5 m，就需要做辅助等电位联结。

联结两个外露可导电部分的辅助等电位联结导体的截面积，可为不小于接至该两个外露可导电部分的较小保护导体的截面，联结外露可导电部分与装置外可导电部分的辅助等电位联结的导线的截面积可为不小于接至该外露可导电部分的保护导体截面的一半。供电电缆外护物或电缆组成部分以外的每根保护导体做辅助等电位联结的导体时，单芯绝缘导线最小截面无机械保护时，不小于 2.5 mm²，有机械保护时，不小于 4 mm²。

（三）局部等电位联结

由于一般工厂建筑比较大，在电源进线处设立一个总等电位联结时，有可能满足不了防护要求，这样就需要设计局部等电位联结。一般需要设立局部等电位联结的几种情况为：

①下级配电箱或用电设备距离等电位端子箱比较远，发生接地故障，接触电压超过 50 V（接触电压超过 50 V 一定时间可引起对人体有害的病理生理效应）时。

②厂房内供电系统为 TN 系统，同一配电箱供给固定式、手持式或移动设备保护电气的切断时间不能满足防电击要求时。

③为了满足防雷保护、静电防护或是电磁干扰防护的要求时。

④当厂房内有可燃性气体配气间或其他爆炸危险场所，为了防护因电位差产生的电火花时。

具体需不需要做辅助等电位联结或是局部等电位联结，在《低压配电设计规范》中是这样描述的：当电气装置或电气装置的某一部分发生接地故障后间接接触的保护电器不能满足自动切断电源的要求时，尚在局部保护范围内需做等电位联结的可导电部分再做一次局部等电位联结；亦可将伸臂范围内能同时触及的两个可导电部分之间做辅助等电位联结。

六、等电位联结应用

等电位联结安装时应注意以下事项：

①铜质等电位联结线不应在土壤中与钢制接地体或防雷引下线联结。

②当采用镀锌扁钢搭接时，应可靠焊接，搭接长度不小于其宽度的2倍，当采用镀锌圆钢搭接时，其搭接长度不应小于其直径的6倍。

③等电位联结端子箱内应采用螺栓连接，如连接线为铜质导线，应安装相应的接线端子后采用螺栓连接。

④进出建筑物的金属管道应采用抱箍法连接，不得直接将连接线焊接在金属管道上。

⑤所有金属管道法兰两侧都应用跨接线进行跨接。

等电位联结施工时，应该注意与土建、水、燃气等几个专业的管理和施工人员的密切配合，并严格按照设计图纸和相关施工规范进行。在工厂中，联结导体宜采用镀锌扁钢通常明敷，便于检修维护，在局部需要穿墙或暗敷时，要做好防腐处理，如采用绝缘套管保护或绝缘带缠绕保护。另外，还要对现场未在图纸中体现的需要联结的导电物完成等电位联结施工，并做好施工记录，对于需要暗敷的联结线和其连接处，还要做好走向记录和隐检记录，以便于竣工图纸制作的准确性和完整性。

在施工完毕后还需要应用专用仪表做导通试验和电阻测试，测试电源采用直流24 V（工厂中一般比较常用），测试电流不小于0.2 A，要求从等电位联结端子板到当前测试支路联结终端导电体（即需要联结的设备金属外壳、各种管道等）之间的电阻不大于3 Ω。如果线路较长，测试不便，可分段测量后，将阻值相加，测试后阻值不符合要求的，按局部等电位联结处理。

第六节 安全用电

人身触电是经常发生的一种电气事故，它会造成人员死亡或伤害，而且电伤的部位很难愈合，所以，必须要做好人身触电预防并懂得触电救护知识。电流对人的危害程度与通过的电流大小、持续时间、电压高低、频率以及通过人体的途径、人体电阻状况和人的身体健康状况等有密切关系。

一、人体触电形式

人体触电形式一般有直接接触触电、跨步电压触电、接触电压触电等几种类型。

（一）直接接触触电

人体直接碰到带电导体造成的触电，称之为直接接触触电。如果人体直接碰到电气设备或电力线路中一相带电导体，或者与高压系统中一相带电导体的距离小于该电压的放电距离而造成对人体放电，这时电流将通过人体流入大地，这种触电称为单相触电。如果人体同时接触电气设备或电力线路中两相带电导体，或者在高压系统中，人体同时过分靠近两相带电导体而发生电弧放电，则电流将从一相导体通过人体流入另一相导体，这种触电现象称为两相触电。显然，发生两相触电危害就更严重，因为这时作用于人体的电压是线电压。对于 380 V 的线电压，人体发生两相触电时，流过人体的电流为 268 mA，这样大的电流只要经过人体约 0.186 s，人就会死亡。

（二）跨步电压触电

当电气设备或线路发生接地故障时，接地电流从接地点向大地四周流散，这时在地面上形成分布电位。要在 20 m 以外，大地电位才等于零。离接地点越近，大地电位越高。人假如在接地点周围（20 m 以内）行走，其两脚之间就有电位差，这就是跨步电压。由跨步电压引起的人体触电，称为跨步电压触电。

（三）接触电压触电

电气设备的金属外壳，本不应该带电，但由于设备使用时间长久，内部绝缘老化，造成击穿碰壳；或由于安装不良，造成设备的带电部分碰到金属外壳；或其他原因也可造成电气设备金属外壳带电。人若碰到带电外壳，就会发生触电事故，这种触电称为接触电压触电。接触电压是指人站在带电外壳旁（水平方向 0.8 m 处），人手触及带电外壳时，其手、脚之间承受的电位差。

二、防止触电措施

预防人体触电要技术、管理和教育并重。只要工作到位，就能把人体触电事故降到最低限度。

（一）技术措施

技术措施包括接零或接地保护、安装漏电保护器、使用安全电压等。

在某些场合使用安全电压是预防人体触电积极有效的办法。所谓安全电压是指对人体不致造成生命危害的电压，但这不是绝对的，因为触电伤亡的因素很多。

安全电压是根据人体电阻和人体的安全电流（摆脱电流）决定的，由于人体电阻不是一个很确定的量，再加上其他原因，各国规定的安全电压值差别较大。我国规定，在没有高度触电危险的建筑物中为 65 V，有高度触电危险的建筑物中为 36 V，在有特别触电危险的建筑物中为 12 V。

无高度触电危险的建筑物是指干燥温暖、无导电粉尘的建筑物。室内地板是由非导电性材料（如木板、沥青、瓷砖等）制成。室内金属构架、机械设备不多，金属占有系数（金属品所占的面积与建筑面积之比）小于 20%，如仪表装配大楼、实验室、纺织车间、陶瓷车间、住宅和公共场所等。

有高度触电危险的建筑物是指潮湿炎热、高温和有导电粉尘的建筑物，一般金属占有系数大于 20%。地坪用导电性材料（如泥土、砖块、湿木板、水泥和金属块）做成。如金工车间、锻工车间、拉丝车间、电炉车间、室内外变电所、水泵房、压缩站等。潮湿的建筑工地有高度触电危险。

有特别触电危险的建筑物是指特别潮湿，有腐蚀性气体、煤尘或游离性气体的建筑物，如铸工车间、锅炉房、酸洗和电镀车间、化工车间等。地下施工工地（包括隧道）有特别触电危险。

安全电压有时是用降压变压器把高压降低后获得的。这时应采用双圈变压器，不能用自耦变压器。变压器的初级、次级均要装熔断器，变压器的外壳和隔离层要接地，如没有隔离层，次级的一端应接地，以免线圈的绝缘损坏时初级的高压蹿入次级。

（二）管理措施

这里仅仅分析触电事故的规律，供安全用电管理人员参考。

触电人群的规律：

①中青年人多，与电打交道的多是中青年人，其中一些人无安全意识，有了一点零星的电工常识就盲目动手，自然容易触电。

②直接用电操作者多，如电气设备操作者、电工等。

触电天气的规律：

①有明显的季节性：6~9 月份最多。在此期间，由于天气潮湿，电气设备的绝缘性差，人体多汗，人体电阻大大降低，天气炎热，操作人员的防护差，农村临时用电处增加等原因，导致触电事故较多。

②恶劣天气事故多，如打雷、狂风、暴雨天气。

触电自身的规律：

①低压触电多于高压触电：低压触电占触电事故总数的 90% 以上。主要因为低压电网比高压电网的覆盖面广，用电设备多，关联的人多；人们对高压比低压电的警惕性较高，设防较严密；低压触电电流超过摆脱电流之后，触电人不能摆脱，而高压触电多属于电弧触电，当触电者还没有触及导体时电弧已经形成，只要电弧不是很强烈，人能够自主摆脱。

②单相触电高于三相触电：单相触电事故占 70% 以上。

触电部位的规律：

事故多发生在电气连接部位：如分支线、接户线、地爬线、接线端子、压接头、焊接头、电缆头、灯头、插头、插座、控制器、接触器、熔断器等。

触电设备的规律。

①移动式电气设备和手持电动工具触电事故多：主要原因是使用环境恶劣、经常拆线接线、绝缘易磨损等。

②"带病工作"的设备和线路事故多。

③假冒伪劣产品和工程事故多。

触电原因多样性规律。90% 以上的事故有两个以上的原因。

触电心理规律。违反安全用电的规定并不一定会发生事故，不少抱有这种侥幸心理，明知故犯，出了事故懊悔不已。

触电事故与规章制度关系的规律。绝大多数事故都是因为违反了有关规范、标准、规程、制度造成的。

触电事故与安全管理关系的规律。用电安全管理差，发生触电事故是必然的，不发生只是偶然的。

（三）教育措施

这里只提出如下几条用电注意事项，供向有关大众宣传教育时参考：

积极不断地学习安全用电知识。

严格遵守用电规章制度，不要有侥幸心理。

使用移动和手持电动工具时要按规定使用安全用具（如绝缘手套），认真检查用具是否完好，做好保护接零或接地和安装漏电保护器。

在施工工地上，不要随意触摸导线、乱动设备，要和供电线路保持规定的距离，运输物品时注意不要触及电线甚至辗坏、刮断电线，不要在电杆及其拉线旁挖坑取土、防止倒杆断电，遇到雷雨天应进入有避雷装置的室内躲雨，不要在树下、墙角处躲雨。

发现电气设备起火或因漏电引起的其他物体着火，要立即拉开电源开关，并及时救火、报警。

发现电线断开落地时不要靠近，对 6 k~10 kV 的高压线路应离开落地点 8~10 m 远，并及时报告。

发现有人触电时，首先设法切断电源或让人体脱离电线，然后及时抢救和报告。不要赤手直接去拉人体，防止连带触电。

使用照明装置时，不要用湿手去摸灯口、开关、插座等，更换灯泡时要先关闭开关，然后站在干燥的绝缘物上进行。严禁将插座与扳把开关靠近装设，严禁在床上装设开关，严禁灯泡靠近易燃物，严禁用灯泡烘烤物品等。

使用家用电器时要按要求接地（或接零）。移动电器时要断开电源，要注意不断检查电器的电源线是否完好。

不要乱拉电线，乱接用电设备超负荷用电，更不准用"一线一地"方式接灯照明。不要在电力线路附近放风筝，不要在电线上晒衣服，不要把金属丝缠绕在电线上。

第七节　电气火灾与电气爆炸

电气火灾和爆炸事故是指由于电气原因引起的火灾和爆炸事故。它在火灾和爆炸事故中占有很大比例。与其他火灾相比，电气火灾具有火灾火势凶猛、蔓延迅速的一面，燃烧的电气设备或线路可能还带电，充油的电气设备可能随时会喷油或爆炸。电气火灾和爆炸会引起停电损坏设备和人身触电等事故，对国家和人民生命财产会造成很大损失。因此，防止电气火灾和爆炸事故，以及掌握正确补救方法非常重要。

一、电气火灾和爆炸的原因

电气火灾和爆炸的原因，除了设备缺陷或安装不当等设计、制造和施工方面的原因外，在运行中，电流的热量和电火花或电弧等都是电气火灾和爆炸的直接原因。

（一）　电气设备过热

引起电气设备过热主要有短路、过负荷、接触不良、铁心过热和散热不良等原因。

（二）　电火花和电弧

电火花、电弧的温度很高，特别是电弧，温度可高达 6 000 ℃。这么高的温度不仅能引起可燃物燃烧，还能使金属熔化、飞溅，构成危险的火源。在有爆炸危险的场所，电火花和电弧更是十分危险的因素。电气设备本身就会发生爆炸，例如变压器、油断路器、电力电容器、电压互感器等充油设备。电气设备周围空间在下列情况下也会引起爆炸：

①周围空间有爆炸性混合物，当遇到电火花或电弧时就可能引起爆炸。

②充油设备的绝缘油在电弧作用下分解和汽化，喷出大量油雾和可燃性气体，遇到电火花、电弧时或环境温度达到危险温度时可能发生火灾和爆炸事故。

③氢冷发电机等设备，如发生氢气泄漏，形成爆炸性混合物，当遇到电火花、电弧或环境温度达到危险温度时也会引起爆炸和火灾事故。

实践证明，当爆炸性气体或粉尘的浓度达到一定数值时，普通电话机中的微小电火花就可能引起爆炸。我国已经发生了在油库内使用移动电话（手机）导致油库爆炸的恶性事件。可见，防止电气爆炸要慎之又慎。

二、防治电气火灾和爆炸的措施

从上面分析可知，发生电气火灾和爆炸的原因可以概括为两条，即现场有可燃易爆物质和现场有引燃引爆的条件。所以，应从这两方面采取防范措施，防止电气火灾和爆炸事故发生。

（一）　排除可燃易爆物质

保持良好通风，使现场可燃易爆气体、粉尘和纤维浓度降低到不致引起火灾和爆炸的限度内。

加强密封，减少和防止可燃易爆物质泄漏。有可燃易爆物质的生产设备、贮存容器、管道接头和阀门应严加密封，并经常巡视检测。

（二）　排除电气火源

应严格按照防火规程的要求来选择、布置和安装电气装置。对运行中可能产生电火花、电弧和高温危险的电气设备和装置，不应放置在易燃易爆的危险场所。在易燃易爆危险场所安装的电气设备应采用密封的防爆电器。另外，在易燃易爆场所应尽量避免使用携带式电气设备。

在容易发生爆炸和火灾危险的场所内，电力线路的绝缘导线和电缆的额定电压不得低于电网的额定电压，低压供电线路不应低于 500 V。要使用铜芯绝缘线，导线连接应保证接触良好、可靠，应尽量避免接头。工作零线的截面和绝缘应与相线相同，并应敷设在同一护套或管子内。导线应采用阻燃型导线（或阻燃型电缆）并穿管敷设。

在突然停电有可能引起电气火灾和爆炸危险的场所，应有两路以上的电源供电，几路电源能自动切换。

在容易发生爆炸危险场所的电气设备的金属外壳应可靠接地（或接零）。

在运行管理中要加强对电气设备维护、监督，防止发生电气事故。

三、电气火灾的扑救

电气火灾的危害很大，因此要坚决贯彻以"预防为主"的方针。万一发生电气火灾时，必须迅速采取正确有效措施，及时扑灭电气火灾。

（一）断电灭火

当电气装置或设备发生火灾或引燃附近可燃物时，首先要切断电源。室外高压线路或杆上配电变压器起火时，应立即打电话与供电部门联系拉断电源；室内电气装置或设备发生火灾时应尽快拉掉开关切断电源，并及时正确选用灭火器进行扑救。

断电灭火时应注意下列事项：

断电时，应按规程所规定的程序进行操作，严防带负荷拉隔离开关（刀闸）。在火场内的开关和闸刀，由于烟熏火烤，其绝缘可能降低或损坏，因此，操作时应戴绝缘手套、穿绝缘靴，并使用相应电压等级的绝缘工具。

紧急切断电源时，切断地点选择适当，防止切断电源后影响扑救工作的进行。切断带电线路导线时，切断点应选择在电源侧的支持物附近，以防导线断落后触及人身、短路或引起跨步电压触电。切断低压导线时应分相并在不同部位剪断，剪的时候应使用有绝缘手柄的电工钳。

夜间发生电气火灾，切断电源时，应考虑临时照明，以利扑救。

需要电力部门切断电源时，应迅速用电话联系，说清情况。

（二）带电灭火

发生电气火灾时应首先考虑断电灭火，因为断电后火势可减小，同时扑救比较安全。但有时在危急情况下，如果等切断电源后再进行补救，会延误时机，使火势蔓延，扩大燃烧面积，或者断电会严重影响生产，这时就必须在确保灭火人员安全的情况下，进行带电灭火。带电灭火一般限在 10 kV 及以下电气设备上进行。

带电灭火很重要的一条就是正确选用灭火器材。绝对不准使用泡沫灭火剂对有电的设备进行灭火，一定要用不导电的灭火剂灭火，如二氧化碳、四氯化碳、二氟一氯一溴甲烷（简称"1211"）和化学干粉等灭火剂。带电灭火时，为防止发生人身触电事故，必须注意以下六点：

①扑救人员及所使用的灭火器材与带电部分必须保持足够的安全距离。水枪喷嘴至带电体（110 kV 以下）的距离不小于 3 m。灭火机的喷嘴和带电体的距离，10 kV 不小于 0.4 m，35 kV 不小于 0.6 m，并应戴绝缘手套。

②不准使用导电灭火剂（如泡沫灭火剂、喷射水流等）对有电设备进行灭火。

③使用水枪带电灭火时，扑救人员应穿绝缘靴、戴绝缘手套并应将水枪金属喷嘴接地，防止电通过水流，伤害人体。

④在灭火中电气设备发生故障，如电线断落在地上，局部地区会形成跨步电压，在这种情况下，扑救人员必须穿绝缘靴（鞋）。

⑤扑救架空线路的火灾时，人体与带电导线之间的仰角不应大于 45°，并应站在线路外侧，以防导线断落触及人体发生触电事故。

⑥易燃易爆物的处理。

在火灾现场中，下列设备和物品易造成火灾扩大甚至爆炸：油浸电力变压器、多油断路器、氧气瓶、乙炔气瓶、油漆桶、油漆稀料桶、煤气罐等。甚至喷洒驱蚊药之类的瓶罐也会发生爆炸。宜采取下述措施：将设备中的油放入事故储油池，优先灭火，重点灭火，搬离火场。油火不能用水喷灭，以防火灾蔓延。

参考文献

[1] 樊培琴，马林，王鹏飞. 建筑电气设计与施工研究［M］. 长春：吉林科学技术出版社，2022.

[2] 李海凌，卢永琴. 安装工程计量与计价［M］. 第 3 版. 北京：机械工业出版社，2022.

[3] 马红丽. 建筑智能化工程项目教程［M］. 北京：北京理工大学出版社，2022.

[4] 冯羽生，林君晓. 通用安装工程计量与计价［M］. 北京：机械工业出版社，2022.

[5] 赵靖. 建筑设备与智能化技术（"双一流"高校建设"十四五"规划系列教材）［M］. 天津：天津大学出版社，2022.

[6] 王晓芳，计富元. 零基础成长为造价高手系列：建筑电气工程造价［M］. 北京：机械工业出版社，2021.

[7] 王子若. 建筑电气智能化设计［M］. 北京：中国计划出版社，2021.

[8] 梁金夏，韦湛兰，潘思妍. 电气 CAD［M］. 天津：天津科学技术出版社，2021.

[9] 郭烽仁，孙羽. 建筑工程施工图识读［M］. 第 3 版. 北京：北京理工大学出版社，2021.

[10] 王克河，焦营营，张猛. 建筑设备［M］. 北京：机械工业出版社，2021.

[11] 吴汉美，邓芮. 安装工程计量与计价［M］. 重庆：重庆大学出版社，2021.

[12] 李丽，张先勇. 基于 BIM 的建筑机电建模教程［M］. 北京：机械工业出版社，2021.

[13] 代端明，卢燕芳. 建筑水电安装工程识图与算量［M］. 第 2 版. 重庆：重庆大学出版社，2021.

[14] 王君，陈敏，黄维华. 现代建筑施工与造价［M］. 长春：吉林科学技术出版社，2021.

[15] 孙成群. 建筑电气关键技术设计实践［M］. 北京：中国计划出版社，2021.

［16］卢永琴，王辉. BIM 与工程造价管理［M］. 北京：机械工业出版社，2021.

［17］刘其贤. 建筑工程材料检测使用指南［M］. 济南：山东科学技术出版社，2021.

［18］王刚，乔冠，杨艳婷. 建筑智能化技术与建筑电气工程［M］. 长春：吉林科学技术出版社，2020.

［19］李明君，董娟，陈德明. 智能建筑电气消防工程［M］. 重庆：重庆大学出版社，2020.

［20］谭胜，常有政. 建筑工程计价与计量实务：安装工程［M］. 长春：吉林人民出版社，2020.

［21］王月明，张瑶瑶. 建筑物信息设施系统［M］. 北京：机械工业出版社，2020.

［22］赵海成. 建筑设备安装工程概预算［M］. 第 3 版. 北京：北京理工大学出版社，2020.

［23］刘其贤. 房屋建筑工程质量常见问题防治措施［M］. 济南：山东科学技术出版社，2020.

［24］刘永强. 安装工程计量与计价［M］. 北京：北京理工大学出版社，2020.

［25］蔡锋. 建筑产业工人基础［M］. 哈尔滨：哈尔滨工程大学出版社，2020.

［26］负禄. 建筑设计与表达［M］. 长春：东北师范大学出版社，2020.

［27］毕庆，田群元. 建筑电气与智能化工程［M］. 北京：北京工业大学出版社，2019.

［28］陈丽. 建筑工程计量与计价［M］. 武汉：武汉理工大学出版社，2019.

［29］祁林，司文杰. 智能建筑中的电气与控制系统设计研究［M］. 长春：吉林大学出版社，2019.

［30］王鹏，李松良，王蕊. 建筑设备［M］. 北京：北京理工大学出版社，2019.

［31］俞洪伟，杨肖杭，包晓琴. 民用建筑安装工程实用手册［M］. 杭州：浙江大学出版社，2019.

［32］马驰瑶. 安装工程计量与计价［M］. 成都：西南交通大学出版社，2019.

［33］陈裕成，李伟. 建筑机械与设备［M］. 北京：北京理工大学出版社，2019.

［34］赵丽娅. 建筑电工［M］. 北京：中国建材工业出版社，2019.

［35］于欣波，任丽英. 建筑设计与改造［M］. 北京：冶金工业出版社，2019.

［36］尤朝阳. 建筑安装工程造价［M］. 南京：东南大学出版社，2018.

［37］刘鉴秾. 建筑工程施工 BIM 应用［M］. 重庆：重庆大学出版社，2018.

［38］魏春荣，刘赫男. 机械安全与电气安全［M］. 徐州：中国矿业大学出版社，2018.

［39］黄建恩. 建筑设备工程概预算［M］. 徐州：中国矿业大学出版社，2018.

［40］胡泊，涂群岚. 建筑工程质量事故分析与处理［M］. 武汉：武汉大学出版社，2018.

［41］王建玉. 建筑智能化工程施工组织与管理［M］. 北京：机械工业出版社，2018.

［42］李通. 建筑设备［M］. 北京：北京理工大学出版社，2018.